SCIENCE

UOYU KEXUE YOUGE YUEHUI

及科学知识，拓宽阅读视野，激发探索精神，培养科学热情。

科技改变生活

※ 包罗各种科普知识，汇集大量科学□□□□□现一个生动有趣的科普世界，让你体会发现之乐趣□□□□□之旅是多么神奇！

吉林出版集团
北方妇女儿童出版社

图书在版编目(CIP)数据

科技改变生活／李慕南，姜忠喆主编. —长春：
北方妇女儿童出版社,2012.5 (2021.4重印)
(青少年爱科学. 我与科学有个约会)
ISBN 978 - 7 - 5385 - 6305 - 4

Ⅰ. ①科… Ⅱ. ①李… ②姜… Ⅲ. ①科学技术 - 青
年读物②科学技术 - 少年读物 Ⅳ. ①N49

中国版本图书馆 CIP 数据核字(2012)第 061957 号

科技改变生活

出 版 人	李文学
主　　编	李慕南　姜忠喆
责任编辑	赵　凯
装帧设计	王　萍
出版发行	北方妇女儿童出版社
地　　址	长春市人民大街 4646 号 邮编 130021
	电话 0431 - 85662027
印　　刷	北京海德伟业印务有限公司
开　　本	690mm × 960mm　1/16
印　　张	12
字　　数	198 千字
版　　次	2012 年 5 月第 1 版
印　　次	2021 年 4 月第 2 次印刷
书　　号	ISBN 978 - 7 - 5385 - 6305 - 4
定　　价	27.80 元

前　　言

　　科学是人类进步的第一推动力,而科学知识的普及则是实现这一推动力的必由之路。在新的时代,社会的进步、科技的发展、人们生活水平的不断提高,为我们青少年的科普教育提供了新的契机。抓住这个契机,大力普及科学知识,传播科学精神,提高青少年的科学素质,是我们全社会的重要课题。

　　一、丛书宗旨

　　普及科学知识,拓宽阅读视野,激发探索精神,培养科学热情。

　　科学教育,是提高青少年素质的重要因素,是现代教育的核心,这不仅能使青少年获得生活和未来所需的知识与技能,更重要的是能使青少年获得科学思想、科学精神、科学态度及科学方法的熏陶和培养。

　　科学教育,让广大青少年树立这样一个牢固的信念:科学总是在寻求、发现和了解世界的新现象,研究和掌握新规律,它是创造性的,它又是在不懈地追求真理,需要我们不断地努力奋斗。

　　在新的世纪,随着高科技领域新技术的不断发展,为我们的科普教育提供了一个广阔的天地。纵观人类文明史的发展,科学技术的每一次重大突破,都会引起生产力的深刻变革和人类社会的巨大进步。随着科学技术日益渗透于经济发展和社会生活的各个领域,成为推动现代社会发展的最活跃因素,并且成为现代社会进步的决定性力量。发达国家经济的增长点、现代化的战争、通讯传媒事业的日益发达,处处都体现出高科技的威力,同时也迅速地改变着人们的传统观念,使得人们对于科学知识充满了强烈渴求。

　　基于以上原因,我们组织编写了这套《青少年爱科学》。

　　《青少年爱科学》从不同视角,多侧面、多层次、全方位地介绍了科普各领域的基础知识,具有很强的系统性、知识性,能够启迪思考,增加知识和开阔视野,激发青少年读者关心世界和热爱科学,培养青少年的探索和创新精神,让青少年读者不仅能够看到科学研究的轨迹与前沿,更能激发青少年读者的科学热情。

　　二、本辑综述

　　《青少年爱科学》拟定分为多辑陆续分批推出,此为第一辑《我与科学有个约会》，以"约会科学，认识科学"为立足点，共分为10册，分别为：

1.《仰望宇宙》

2.《动物王国的世界冠军》

3.《匪夷所思的植物》

4.《最伟大的技术发明》

5.《科技改变生活》

6.《蔚蓝世界》

7.《太空碰碰车》

8.《神奇的生物》

9.《自然界的鬼斧神工》

10.《多彩世界万花筒》

三、本书简介

本册《科技改变生活》从人类光彩夺目的发明宝库里精心挑选了一些代表性成果，用讲故事的方式将它们介绍给小读者，以使小读者在了解科学知识、原理的同时，也了解发明家艰辛的发明过程。伟大的发明改变人类生活，惊人的发现震撼整个世界，共同分享发明发现的智慧之光！计算机、电话、电影、电视、汽车、飞机、轮船……我们在享受这些科技成果的同时，是否想过它们是被什么样的人发明或发现的呢？发明家们又是如何想到并做到的？这些问题让人感到万分好奇。其实，发明家们的奇思妙想很多时候都来自生活中发生的偶然事件，许多伟大科技成果的背后，都隐藏着一些异常精彩而又鲜为人知的故事。而且，每一项伟大的发明、发现都有它独特的思路。看一看，这些思路和你的想法究竟有何不同？想一想，发明、发现的窍门究竟在何处？

本套丛书将科学与知识结合起来，大到天文地理，小到生活琐事，都能告诉我们一个科学的道理，具有很强的可读性、启发性和知识性，是我们广大读者了解科技、增长知识、开阔视野、提高素质、激发探索和启迪智慧的良好科普读物，也是各级图书馆珍藏的最佳版本。

本丛书编纂出版，得到许多领导同志和前辈的关怀支持。同时，我们在编写过程中还程度不同地参阅吸收了有关方面提供的资料。在此，谨向所有关心和支持本书出版的领导、同志一并表示谢意。

由于时间短、经验少，本书在编写等方面可能有不足和错误，衷心希望各界读者批评指正。

本书编委会

2012 年 4 月

目　　录

一、生活科技之最

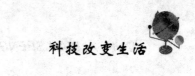
科技改变生活

二、生活科技问答

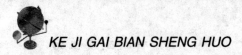

一、生活科技之最

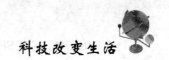

最早的舌诊专书

　　注意过自己的舌头吗？为什么舌头上有一片像苔藓一样的东西？而舌头的颜色又为什么常常改变？为什么有人舌嫩而有人舌硬？又为什么有时舌头上像缺了一点什么似的？这些都是属于中医舌诊所要回答的问题。舌诊是中医诊断学的重要组成部分，也是中医诊断疾病的重要依据之一。几千年来，舌诊已成为中国医学的特色之一。

　　早在中国殷代的甲骨文中，已有"贞疾舌"的记载，其中就含有诊断病舌的意思。公元前3~5世纪成书的《内经》中已有较多关于舌诊的记载。如关于舌苔之色，认为舌苔黄是属于体内有热。还有舌卷，为舌卷缩口内，不能外伸，认为是由于高热神昏。《难经》中也有一些舌诊记载。到了汉唐时代，张仲景创造了"舌胎"一词，并确立舌诊作为辨证论治的依据。以后《诸病源候论》、《中藏经》、《千金方》、《外台秘要》等书也提到一些舌诊的内容。到宋、金、元时期，《活人书》以有无口燥舌干来辨阴阳虚实，《小儿药证直诀》首创"舒舌"、"弄舌"的名称。但以上一些文献中所记载舌诊的内容都比较分散，中国最早的一本专门谈论舌诊的著作要算《敖氏伤寒金镜录》，这也是世界上最早的舌诊专书。

　　13世纪，有一个姓敖的人，他对舌诊进行了详细的研究，认真总结了当时察舌辨证的临床经验，写成《敖氏伤寒金镜录》一书。这本书的主要内容是讨论伤寒的舌诊。他在这本书中将各种舌象排列起来，绘成12幅图谱，并通过舌诊来论述证状。

　　《敖氏伤寒金镜录》书成以后，限于当时条件，未能广为流行，以至现在已看不到原来的版本了。好在当时有个叫杜清碧的人，发现了这本书以后，

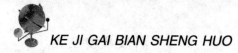

自己动手绘了 24 幅舌象图，与原书 12 幅合为 36 幅，于公元 1341 年印刷出版。但由于印数不多，所以看到这本书的人也没有几个。

我们现在看到的《敖氏伤寒金镜录》，就是经杜清碧增补的版本。该书以伤寒为主，又写了一些内科以及其他疾病。主要根据舌色，分辨寒热虚实、内伤外感，记录了各舌色所主病证的治疗与方药。全书分 36 种舌色，每种舌色都附有图谱。这对于临床诊断时应用，确有一定指导意义。

到了明朝，一位著名医家薛己原封不动地将杜清碧增补的《敖氏伤寒金镜录》收入他的《薛氏医案》一书，《敖氏伤寒金镜录》方能借以广为流传。薛己对该书曾作过如下评论，他说：过去有本书叫《敖氏金镜录》，专门以舌色来诊断毛病，书中既画了各种舌色的状况，又详细地写出了各种舌色所主的病证，然后再分别记述了它们的方药。医生只要一翻这本书就一目了然，清清爽爽。虽然比不上张仲景写的书，但十分合乎张仲景的道理。可真是既深奥而又通俗，既合乎实用而又简明。

后来又有个叫申斗垣的写了一本《观舌心法》，将舌诊图谱增加到 137 幅；再后，有位张诞先与了一本《伤寒舌鉴》，又改为 120 幅。但从临床实际

《内经》

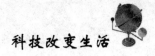

需要来看，正确识别36种舌苔，已能满足一般临床的要求了。所以，《敖氏伤寒金镜录》的价值实在比《观舌心法》、《伤寒舌鉴》等书要大。

《敖氏伤寒金镜录》的作者是一个无名英雄，现在除了知道他姓敖以外，其他如名字、出身、籍贯等均无记载。而《敖氏伤寒金镜录》这本世界上最早的舌诊专著得以流传，还是依靠元朝杜清碧的修订、明朝薛己的收录。在古时候，一部书的写成固然很不容易，而得以流传下来就更不容易了。

中医的舌诊对西方医学也产生了较大的影响。西医诊断学也逐渐地重视舌质、舌苔的变化及舌的活动状态。譬如，甲状腺机能亢进患者，舌头伸出时常会发生震颤；肢端肥大症和粘液性水肿患者舌体肥大；低血色素贫血时，舌面平滑；核黄素缺乏时，舌上皮可有不规则隆起；猩红热病人舌头呈鲜红色，形如草莓。这些与中医诊断学认为人体重要脏器的疾病，均可在舌头上有所反应，可以通过舌诊了解病人的病情、变化和转归的道理相合。正因为中医舌诊很重要，所以世界上不少国家正在深入研究，他们通过舌荧光检查、舌印检查、舌的病理切片检查、舌的活体显微镜观察、刮舌涂片检查，以及各种生理、生化、血液流变学测定等等，探索舌诊的奥秘，让古老的中医舌诊对世界医学作出更大的贡献。

最早的职业病记载

谁都知道，汞就是水银，测寒热的体温计中不是有它吗？是的，汞与它的化合物的用途实在广泛。金属汞常可以用来制造气压计、各种仪表、水银灯，汞的合金可以用来镶牙，汞的化合物可以用于医药、毛纺，有机汞则可以制造多种杀虫剂。

汞的用途既然这么广泛，然而汞有很强的毒性，制造汞产品的工厂，如果没有适当的卫生防护措施，在这些工厂中的工人就可能发生汞中毒。金属汞或汞化合物的毒性，主要是通过呼吸道、消化道或有伤口的皮肤等三个途径发生的。人体内如果一次进入了较多量的汞，就会发生急性汞中毒。它的主要症状是：剧烈的腹痛、腹泻、尿闭，甚至导致死亡。人体内如果长期吸收少量汞，则又可发生慢性汞中毒。它的症状五花八门，比如头昏、头痛、疲倦，记忆力减退等，有时还可以看到口腔炎以及胃肠道症状。"水银震颤"与"水银兴奋"是汞中毒的最突出症状。水银震颤的主要症状为眼睑、口唇、手部肌肉等处有震颤现象。水银兴奋的主要症状为抑郁、敏感、迟钝、倦怠、失眠等。现代医学已将汞中毒的各种特征性症状作了较为详细的描述。

李时珍的《本草纲目》

但世界上最早记载汞中毒特征性症状的是中国北宋（960—1127年）时的孔平仲。他在《谈苑》中说："后苑银作镀金，为水银所熏，头手俱颤。卖饼家窥炉，目皆早昏。"这里所说的"头手俱颤"，不正是汞中毒的特征性症状吗？

汞中毒是职业病中的一种，而矽肺又是职业病中的另外一种。矽肺可以发生在许多职业中，比如从事制造玻璃、搪瓷、陶器、耐火材料以及石英粉碎、地质勘探、煤矿开采等许多工作，如果没有一定的防护措施，就可以长期吸入粉尘而引起矽肺。

宋应星的《天工开物》

关于矽肺，孔平仲在他的《谈苑》中就已作了介绍："贾谷山采石人，石末伤肺，肺焦多死。"这里所谓"石末伤肺"，就是石末沉着病，属于矽肺范畴。

根据有关记载，孔平仲留在宋哲宗和宋徽宗时做官，宋哲宗和宋徽宗在位时为公元1086年、1125年。所以孔平仲的《谈苑》是11世纪或12世纪时的著作，故中国最早记载职业病的时间当在12世纪以前。而世界上其他国家最早记载职业病的文献为公元1483年、1541年间，由巴拉塞尔隆斯所作。不过巴拉塞尔隆斯只是对矿工的疾病作了偶尔的记录。一直到公元1700年，拉马志尼的《论手工业者的疾病》问世，才对职业病有了较为详细的论述。所以，中国最早记载职业病的文献要比世界上其他国家最早记载的文献早四五百年。

从北宋孔平仲最早对职业病记载以后，中国历代医家对职业病都进行了一定的研究，如李时珍的《本草纲目》（1596年），申拱震的《外科启玄》（1604年），宋应星的《天工开物》（1637年）等，都是中国早期研究职业病的一些较早的有关文献。

最早的麻醉剂

最早发明麻醉药是中国东汉时期的名医——华佗，不过当时的药名不是叫麻醉药，而是叫麻沸散。

华佗（145—208年），字元化，沛国谯（今安徽亳县）人。他是个民间医生，一生不愿做官，不愿追求名利富贵。朝廷征召他做官，地方举他当孝廉（汉朝选拔统治人才的科目之一，举为孝廉的人，往往被任命为"郎"官），他都拒绝了。他擅长内、外、妇、儿、针灸各科，尤精外科。创有称为"五禽戏"的保健体操。行医的足迹遍及今天的江苏、山东、河南、安徽的部分地区，治愈的病人很多。由于他医术高明和具有救死扶伤的精神，人们赞扬他为"神医"。建安十三年（208年）为曹操所害。

麻沸散是华佗创制的用于外科手术的麻醉药。《后汉书·华佗传》载："若疾发结于内，针药所不能及者，乃令先以酒服麻沸散，既醉无所觉，因刳破腹背，抽割积聚。"华佗所创麻沸散的处方后来失传。传说系由曼陀罗花（也叫洋金花、风茄花）1斤、生草乌、香白芷、当归、川芎各4钱，南天星1钱，共6味药组成；另一说由羊踯躅3钱、茉莉花根1钱、当归3两、菖蒲3分组成。据后人考证，这些都不是华佗的原始处方。

麻沸散的发明还有一个有趣的过程。

魏、蜀、吴三国鼎立时，战争频繁，军队和老百姓受伤、生病的很多。华佗是当时最有名的医生，伤病人员都请他治疗。由于那时没有麻醉药，每当做手术时伤病员要忍受极大的痛苦。

有一天，华佗为一个患烂肠痧的病人破腹开刀。由于病人的病情严重，华佗忙了几个时辰才把手术做完。手术做好后，华佗累得筋疲力尽。为了

华佗像

解除疲劳，他喝了些酒。华佗因劳累过度，加上空腹多饮了几杯，一下子喝的酩酊大醉。他的家人被吓坏了，用针灸针刺人中穴、百会穴、足三里，可是华佗没有什么反应，好像失去了知觉似的。家人摸他的脉搏，发现跳动正常，这时相信他真的醉了。过了两个时辰，华佗醒了过来。家人把刚才他喝醉后给他扎针的经过说了一遍。华佗听了大为惊奇：为什么给我扎针我不知道呢？难道说，喝醉酒能使人麻醉失去知觉吗？

几天以后，华佗作了几次试验，得出结论是：酒有麻醉人的作用。后来动手术时，华佗就叫人喝酒来减轻痛苦。可是有的手术时间长，刀口大，流血多，光用酒来麻醉还是不能解决问题。

后来华佗行医时又碰到一个奇怪的病人：病者牙关紧闭，口吐白沫，手攥拳，躺在地上不动弹。华佗上前看他神态，按他的脉搏，摸他的额头，一切都正常。他问患者过去患过什么疾病，患者的家人说："他身体非常健壮，什么疾病都没有，就是今天误吃了几朵臭麻子花（又名洋金花），才得了这种病症的。"

华佗听了患者家人的介绍，连忙说道："快找些臭麻子花拿来给我看看。"

患者的家人把一棵连花带果的臭麻子花送到华佗面前，华佗接过臭麻子花闻了闻，看了看，又摘朵花放在嘴里尝了尝，顿时觉得头晕目眩，满嘴发麻："啊，好大的毒性呀！"

华佗用清凉解毒的办法治愈了这名患者，临走时，什么也没要，只要了一捆连花带果的臭麻子花。

从那天起，华佗开始对臭麻子花进行试验，他先尝叶，后尝花，然后再尝果根。实验结果表明，臭麻子果麻醉的效果很好。华佗到处走访了许多医生，收集了一些有麻醉作用的药物，经过多次不同配方的炮制，终于把麻醉药试制成功。他又把麻醉药和热酒配制，麻醉效果更好。因此，华佗给它起了个名字——麻沸散。

公元 2 世纪中国已用"麻沸散"全身麻醉进行剖腹手术。到 19 世纪中期欧美医生才开始施用麻醉药，比中国整整晚了 1600 多年。这无法比拟的创举，使中国医学一直遥居世界前茅。

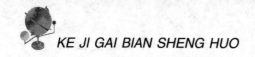
最早的医学分科记载

商代，医和巫不分，治疗和迷信活动经常混在一起。到了西周（约公元前11世纪）时期，医药知识有了长足的进步，不但医、巫分开，而且医学进行了分科。这是世界上最早的医学分科。

商代有管理疾病的小臣。中国甲骨文专家胡厚宣先生释"小疾臣"，认为这种职官既医治疾病，也从事医疗管理工作。它是中国文字迄今所见最早的医官。

周代医官是继承了商代医官发展而来的。《周礼·天官》将宫廷医生分为以下几科："食医，中士三人"，主要职责是"掌合王之六食、六膳、百馐、百酱、八珍之齐"。食医，是管理饮食的专职医生，是宫廷内的营养医生，主管帝王膳食，是为王室贵族的健康长寿而专设的。"疾医，中士八人"，主要职责是"掌养万人之疾病"。疾医相当于内科医生。疾医已经不仅为王室服

《周礼》

务，而且施治万民疾病。这说明"民"的社会地位已有所提高，并在宫廷医生治疗疾病时反映了重民思想。"疡医，下士八人"，主要职责是"掌肿疡、溃疡、金疡、折疡之祝药刮杀之齐；凡疗疡，以五毒攻之，以五气养之，以五药疗之，以五味节之。"疡医相当于外科医生，专管治疗各种脓疡、溃疡、金创、骨折等。疡医在宫廷医生中地位低于食医、疾医，属下士。兽医，下士四人，掌疗兽病，疗兽疡，凡疗兽病灌而行之。兽医主要治疗家畜之疾病或疮疡。

《周礼》成书的年代较晚，它不是也不可能是西周职官情况的真实记录，但它在一定程度上保留和相当曲折地反映了西周职官的情况。古文学家在全面清理西周铭文中职官材料之后，以西周当时的第一手材料为依据，重新对《周礼》作了研究。认为《周礼》在主要内容上，与西周铭文反映的西周官制，颇多一致或相近。因此，正确认识和充分利用《周礼》是西周职官问题研究中不容忽视的问题。周代宫廷，把医生分为食医、疾医、疡医和兽医，这是医学进步的一个标志，它有利于医生各专一科，深入研究。《周礼》宫廷医学的分科，是我国最早的医学分科记载，开后世医学进一步分科之先河。

在医学分科的基础上，西周时期已对病人分科治疗，并建立了记录治疗经过的病历，对于死者还要求作出死亡原因的报告。同时，还建立了医疗考核制度——主管医药行政的"医师"，年终考核医生们的医疗成绩，并以此决定他们的级别和俸禄。

自西周以后，医学分科不断发展。唐代，太医署下设若干医科，医科下面又设若干分科；宋代，太医局下已设9科；元、明、清三代的分科更细，最多达13科。医学分科的发展，表明了中国古代医学水平在世界上的领先地位。国外，阿拉伯国家在公元9世纪左右才开始医学分科，不少国家的医学分科比这还要晚。

现存最早的儿科专著

儿科医学在中国出现很早，公元前 16 到公元前 11 世纪的甲骨文中已有"贞子疾首"、"龋"等儿科疾病的记载。生活在公元前五世纪的扁鹊以专门治疗小儿病著称。湖南长沙马王堆出土帛书《五十二病方》中讲到"婴儿病痫""婴儿索痉"的病状与治法。战国至秦汉之际出现的《黄帝内经》中已有儿科医学理论。

《汉书·艺文志》记载有《妇人婴儿方》十九卷，可见中国早在春秋、战国时期，对于儿科疾病的认识和治疗已积累了相当丰富的经验。西汉时名医淳于意的 25 个病例中，有以"下气汤"治婴儿"气鬲病"的案例，案中阐述了其病因、病理、症状、诊断、方药、服法和预后，实为中国最早的儿科病案记载。隋大业六年（610 年）巢元方的《诸病源候论》中介绍小儿疾病达六卷之多，有 225 候，对儿科的病因、病理和症候的阐述甚为详细。巢元方并提到中古有师巫著《颅囟经》一书。这是世界上现存最早的儿科专著。

巢元方像

《颅囟经》又名《师巫颅囟经》，全书 2 卷（一作 3 卷），托名周穆王"师巫"所传（一作东汉卫汛撰）。明代以后原书已佚，今存本为《四库全书》本（系自《永乐大典》中辑佚者），已非全帙。内容首论脉法，次论病源、病证，再次为惊、癫、疳及火丹证治方法。书中论述小儿脉法，指出："凡孩子三岁以下，呼为纯阳，元气未散，若有脉候，须于一寸取之，不得同大人分寸，其脉候之来，呼之脉来三至，吸之脉来三至。呼吸定息一至，此是和平也。若以大人脉五至取之，即差矣"。这是关于小儿脉法论述的最早记载。

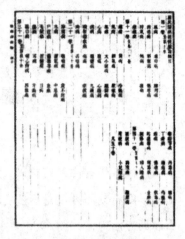

《诸病源修论》书影

在小儿病因与治疗上，该书也尤多创见，如对小儿骨蒸（佝偻病）病因，一向认为是肾气不足，本书最早指出是由于营养不良，脾虚所致，治疗用含有丁种维生素的鳖甲等。在欧洲 17 世纪时英国医学家、伦敦医学院院长、皇家学会创办人格里森（1597—1677 年）才写书专门论述儿童佝偻病。到 1889 年苏顿才用动物实验证明鱼肝油是治疗佝偻病的特效药物。

最早的石刻药方

中国古代有许多石刻药方。据已发现的文献资料分析，龙门药方是世界上最早的石刻药方。龙门药方是北齐时期的刻制品，它刻于河南洛阳市龙门石窟药方洞中，共约4000余字。

据医史学家李永谦氏的统计，龙门药方有药方129首，其中药物治疗110方，针灸治疗19方，使用药物122种，其中植物药67种，矿物药18种，动物药12种，粪尿药14种及其他类药10种。药方还记载了多种药物剂型，医疗工具与用药方法。所载方剂数量多，且多为单方，验方，药味简单，使用方法简便，容易掌握。本药方不仅开创了刻石记载、传播医药知识的先河，而且也是世界上最早的针灸刻石记录。

龙门药方洞位于中国九朝古都洛阳市区往南12公里的龙门山上，龙门依山傍水，风景如画，山上有数以千计的石窟，窟内有大小不等的10万尊佛像，它是世界三大造型艺术宝库之一。

顺龙门山势从北向南漫步，不时被那千姿百态的石雕佛像和旖旎风光吸引驻足，不知不觉走了1公里，经过禹王池、宾阳洞、万佛洞、莲花洞、奉

龙门药方洞

先寺，沿着山腰上的石阶一步步走到一座坐东向西的石洞前，洞内石壁上刻满了中药方，人们叫它"药方洞"。药方洞有中国现存最早的石刻药方，所治病症涉及内、外、妇、儿、五官、神经等科，是研究中国古代医药学的重要资料。

　　药方洞位于龙门山上奉先寺的南边，它始凿于北魏，唐朝建成，洞门楣顶呈弓背形，洞楣上方正中有两个侏儒力士，肩扛蟠龙碑头摩崖巨碑，左右两个飞天，洞高4.1米，宽3.6米。洞门楣上悬挂着中国著名中医药学家耿鉴庭题写的"药方洞"匾额。洞内面积比一间房还大，洞长3.28米，宽3米，近似方形，穹隆形顶，雕莲花藻井，主佛释迦牟尼坐在高台正中，二弟子、二菩萨分立两旁。洞口过道左侧石壁刻有"北齐都邑师道兴造释迦二菩萨像记并治疾方，武平六年"。

　　洞内左侧石壁上刻有疗疟方、疗哮方、疗反胃方、疗消渴方、疗金疮方、疗上气唾脓血方等。

　　疗疟方：蜀漆末，方寸匕，和湿服。又：黄连捣末，三指撮，和湿服，并验。疗哮方：灸两曲肘里大横纹下头，随年壮。疗消渴方：顿服乌麻油一升，神验。又方：古屋上瓦，打碎一斗，水二升，煮四五沸。又方：黄瓜根、黄连等分捣末，蜜和丸，如梧子，食后服十丸，以差为度。洞内右侧石壁上刻有疗瘟疫方、疗大便不通、疗小便不通、疗霍乱方、疗黄疸方、疗赤白痢疾方、疗癫狂方、疗噎方等。疗大便不通：取猪胆以苇筒纳胆中，系一头，纳下部中，灌，立下。羊胆良。疗小便不通方：以葱叶小头去尖，纳小行孔中，口吹令通，通讫，良验，立下。又方：取雄黄如豆许，末之，纳小孔中，神良。疗黄疸方：大黄三两，粗切，水二升，生渍一宿，平旦绞汁一升半，纳芒硝二两，顿服，须臾快利，差。

　　初步统计，药方洞石壁上共刻中药方203首，其中针灸方27首，治疗中医内、外、妇、儿、五官等科72种病证，其中有些药方如疗噎方的生姜橘皮汤等，仍为现在中医临床所常用。

　　由于年代久远，药方洞中的石刻药方部分文字，或自然风化脱落，或人为损坏残缺，有待我们深入研究、补缺拾遗、考证阐明。龙门石刻药方距今已1400多年，是中国古代劳动人民防病治病的宝贵经验，它刻在风景旅游区、石刻艺术宝库和佛教圣地的龙门山上，便于人们观赏、参考、应用和传播，这为普及中医药卫生知识、防病治病创造了条件。

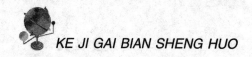
最先发明指南针的国家

　　中华民族是一个伟大的勤劳的民族，又是一个富于创造的民族。远在 2000 多年前的战国时代，中国人民利用地磁偏角的原理，就发明了指示方位的指南针，从而成为世界上发明指南针最早的国家。

　　指南针（又名罗盘针）的发明，对人类社会历史的发展、科学的进步和东西方的文化交流都起了很大作用。过去，在茫茫的汪洋大海中航行，在碧落无际的天空飞行，在硝烟弥漫的战场作战指挥，在异国他乡游览和交往，

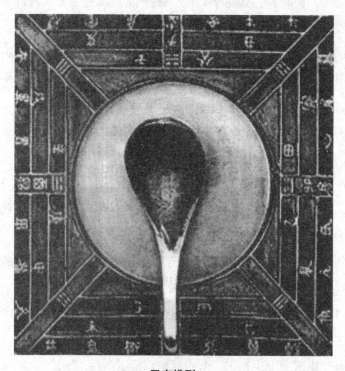

司南模型

由于没有科学的指向仪器，有时不是迷失方向，就是转向，给航海、作战等方面造成很大的影响和损失。自从我国经过长期的社会实践，率先发明了指南针以后，情况就大不一样了，一切指向的疑难问题也就迎刃而解了，从而促进了航海、军事、旅游等事业的发展。

指南针的发明不是一蹴而就的，而是经过了漫长的辛勤研究和不断的改进，逐渐发展而制成的。据史书记载，最初人们发现天然的磁石能吸铁，继而又发现磁铁利用地磁吸引，总是指向南端，从而在公元前 3 世纪

指南车

的战国年代，人们用天然磁铁矿琢磨成当时称为"司南"的指南针。还发明了一种车上安装木头人，车子里边有许多齿轮，无论车子如何转动，木头人的手总是指向南方的"指南车"。

公元 1 世纪初，即东汉初年，王充在《论衡》中记述了磁勺柄指南的史实。但"司南"等由于是用天然磁石制成的，容易失去磁性，使用起来既不方便，效果又不很好。在北宋时，著名的科学家沈括总结了前人的经验，在物理方面又发现地磁偏角的存在，利用人工磁化法制成了使用方便、效果较好的指南针，就是用天然磁石上摩擦后带磁性的钢针来指南。此法制成的各种指向性的仪器，虽然在形状上和装置方法上有新的发展和差异，但其原理基本上是一样的。

12 世纪，指南针传到阿拉伯和欧洲后，导致了哥伦布发现美洲新大陆，麦哲伦完成了环球航行。这就说明指南针的发明，不仅对我国航海等事业的发展有巨大意义，而且对人类社会的进步也作出重要贡献。

最早的常平架装置

北宋时发明的指南针，不久即发展成磁针和方位盘连成一体的罗经盘，或称罗盘。罗盘又经历了水罗盘——旱罗盘的演变过程。旱罗盘因其磁针有固定的支点，在航海中指向的性能优越于水罗盘，但它在海上应用仍有不便之处。当盘体随海船作大幅度摆动的时候，经常使磁针过分倾斜而靠在盘体上无法转动。公元 16 世纪，欧洲的航海罗盘开始出现了一种现在称为"万向支架"的常平架装置。它由两个直径略有差别的铜圈组成，小圈正好内切于大圈，并用枢轴将它们联结起来，然后再由枢轴把它们安在一个固定的支架上，旱罗盘就挂在内圈中。这样，不论船体怎么摆动，旱罗盘总是保持水平状态。

其实，欧洲航海罗盘上的常平架装置，中国早在汉晋时期就已经出现了。中国汉晋时期制造的"被中香炉"，内有世界上最早的常平架装置。

公元 4 世纪以前成书的《西京杂记》，记载了当时长安（今陕西西安）的巧匠丁缓所制的"被中香炉"。书中写道："为机环转运四周，而炉体常平，可置之被褥。"被中香炉的外壳为圆形，开有透气孔，像个多孔小球。它由内外两个金属环组成，两环用转轴联结起来，外环又通过另一转轴与外架联系着；点香用的炉缸则用第三个转轴挂在内环上；这 3 个转轴在三维空间中相互垂直。于是只要转轴灵活，炉缸不但可以作任何方向的转动，而且由于受重力作用始终下垂，不论小球怎么滚动，炉缸都能处于常平状态（即"炉体常平"），而不会使香灰洒落出来。

物理学知识告诉我们，要使一个具有一定重量的物体不倾斜翻倒，最佳的方法是采用支点悬挂。银薰球就是采用了这种方法，将香盂悬挂在两边各有一个轴孔的内持平环中，当内持平环呈水平位置时，香盂因自身重量，可以前后轻微晃动而不会左右倾斜翻倒。但仅用一个持平环是无法避免香盂向轴向方向倾斜翻倒的。为解决这一问题，必须在轴向再做一个较大的持平环，将悬挂香盂的内持平环悬挂在外持平环上，并使两环的轴孔正好垂直，轴心线

被中香炉

的夹角为 90 度。这样，内持平环能避免香盂前后方向倾斜；外持平环则能防止香盂（包括内持平环）左右倾斜。盂心随重心作用，始终与地面保持平行，无论薰球怎么转动，盂内的香料都不会撒出，可置于被中或系于袖中。银薰球的这种结构完全符合现代航空航海中使用的陀螺仪原理。罗盘就是悬挂在一种称为"万向支架"的持平环装置上。这样，无论有多大风浪，船体怎样摆动，也无论在怎样复杂的气流中，飞机如何颠簸，罗盘始终保持水平状态，确保正常工作。

被中香炉在汉以后历代都有制造，它的常平架装置，是现代陀仪中万向支架的始祖，这是中国古代劳动人民在机械史上的卓越发明。在欧洲，最先提出类似设计的，是文艺复兴时期的大画家、科学家达·芬奇（1452—1519），已较我国晚了 1000 多年。但遗憾的是，这项杰出的创造，在我国仅应用于生活用具。16 世纪，意大利人希·卡丹诺制造出陀螺平衡仪并应用于航海上，使它产生了巨大的作用。

世界第一例断手再植手术

生活、工作、学习、娱乐，哪一样少得了手？人们常用"生产能手"、"多面手"、"神枪手"、"高手"、"快手"……来称赞那些技艺超群的人。人一旦失去了灵巧的手，整个人生就将面临巨大改变，生活将变得十分艰难。断手断肢再植，一直是国际医学界关注的重大课题。1903 年国外就开始了动物实验研究，但直到 1963 年，这一个重大课题才在几个中国人的手中被突破了。

陈中伟、钱允庆等几名中国医师成功接活了一只完全断离的手，在世界医学史上写下辉煌的一页。钱允庆（1925～1998），医学史上首例断肢再植创始人之一，著名血管外科专家，原第六人民医院外科主任、主任医师、教授。陈中伟（1929～2004），有"断肢再植之父"和"显微外科的国际先驱者"之称，长期从事骨科、断肢再植和显微外科的实验研究、临床及教学工作。

1963 年，上海机床钢模厂的工人王存柏工作时粗心，右手从手腕关节往上约 1 寸的地方被冲床的冲头完全轧断，病人和断手马上被送到第六人民医院去抢救治疗。按照惯例，外科医生遇到这种情况，一般只能在病人的断腕上进行消毒包扎，伤好后再安上一只假手。陈中伟、钱允庆、奚学基和其他医师，决定打破惯例，把这只断手接上。接肢手术是在事故发生大约半个小时以后进行的。

陈中伟和钱允庆等首先为病人接好了手腕部分的骨头和 9 根控制手指屈伸的主要肌腱。接着，进行接血管——这是接肢手术的关键。医师们放弃了费时较多的缝接法，改用一种新的套接法，迅速而顺利地把手部的 4 根主要血管接了起来，恢复了已经停止了 4 个小时的手部血液循环。尔后，医师们

钱允庆、陈中伟在视察断手再植的 X 光片

又把另外 9 根主要肌腱和 3 根已经切断的手部神经——结合起来，全部手术进行了 7 个半小时。断手接活后，医务人员采取了各种措施，帮助王存柏的右手恢复正常。施行手术后两个月，王存柏的右手恢复得很快。经过 X 光血管造影检查和著名外科专家鉴定，这只手的手肢血液循环正常，接上的骨头、神经和肌腱都生长良好，并且有了冷、热和痛的感觉，病人已经能用这只手举杯喝水、执笔写字。

随着显微外科技术的应用，极大提高了断肢再植再造的成活率，这样的手术被患者叫做"功德术"，因为它使成千上万不幸的人眼看就要失去的肢体，又幸运地失而复得。

世界最先进的汉字编码法

"汉字全息码"是世界上最先进的汉字编码法。

"汉字全息码"是中学生杜冰蟾经过三年努力于1990年发明的。杜冰蟾出生于一个祖辈均为辞书编纂家的家庭，12岁就开始研究汉字部首，每天只睡几个小时，除了吃饭上学，所有时间都埋头书房，研究的草稿用麻袋装，将汉字200多个部首删减为100个部首，每删去一个，都如同在悬崖上攀登，极尽艰难。可她却说碰到困难就是碰到机会，成功就是克服困难的结果。

"汉字全息码"顺应中国人几千年来的识字习惯和笔顺规则，不规定任何口诀，也不用死记硬背，将汉字分解成100个部首进行编码，把部首、拼音、笔顺、笔画四大元素结合在一起，摒弃了以前编码方式中的各种缺点，从简从易。经过这样处理，每个汉字与语词都被转换成四个拼音字母或六位数码，适用于各种中小型电脑键盘，可为全世界学习、使用汉语的人共同掌握，其优越性超过了已有的数百种汉字编码方式。

"汉字全息码"可广泛应用于中文电脑打字、编辑、印刷、管理，以及电报、电传、中外文机器助译等方面。它的发明，使汉字变成科学、规范、精炼、整齐、优美的集约化编码，为方块汉字电脑化和汉文走向世界作出了重大贡献。

杜冰蟾

当只有15岁的杜冰蟾公布了其汉字

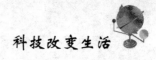

科技改变生活

全息编码方法的发明后，引起了国内外的强烈反响。美国出版的《世界名人录》把她的名字作为世界最年轻的大发明家收了进去。著名的加拿大西蒙·弗莱泽大学邀请她前往该校讲学，这是西方大学首次把一个少年作为访问学者邀请。权威的日本《科学朝日》杂志称她的发明是"划时代的汉字编码方法"。据有关方面披露，杜冰蟾是世界上提出重大发明的年龄最小的发明家。1990 年，中国教育电子公司出资 1 亿元想购买汉字全息码技术，巨额财富没有打动杜冰蟾的心。1995 年，年仅 21 岁的杜冰蟾成立"杜冰蟾汉字全息码有限公司"，成为中国最年轻的董事长。

世界第一张大视野动态体视投影图

世界上第一张大幅的立体图、大视野动态体视投影图，是中国科技工作者王希富绘制的。

体视图是根据人眼的体视效应绘制出来的。人的双眼处于不同的空间位置，在看物体时，出现在左右视网膜上的一对物象极相似又有差异，这个"图对"的差异叫视差。大脑皮层根据视差和其他条件就能感受到立体物的形象。传统的平面图像、画面、照片、工程图等由于没有视差，所以尽管形象逼真也不会产生跃出纸面的立体图形。

近300年来，世界各国的图学家一直在探索、研究体视投影，然而作图一直停留在小图幅（只有书本那样大）固定视野水平，既不能绘制复杂的图形，又不能投入实际应用。

王希富，北京人，著有《体视投影学》，撰有《大视野动态体视投影探讨》等论文，并绘制出《大视野动态体视投影图》、《全景动态体视投影图》。他认真总结前人研究的经验教训，大胆创新，把体视投影研究与生理学、光学、视野学、眼的解剖学结合起来，进行综合研究，取得突破性进展。他针对体视图，提出了根据动态观察轨迹设计动态投影轨迹的扩大视野方法，推导了动态投影的成像公式，研究了动态投影的视野划分和大视野动态体视投影的各类画面选择和建立条件、计算公式。该方法解决了体视图扩大视野问题，达到了360度范围内全部可以动态成像的水平。在绘图技术上，简化了作图过程，同时研究使用计算机辅助设计软件为平台开发的体视绘画程序，将绘图速度提高了15~20倍。他打破了传统静态体视投影法的束缚，采取了动态体视投影方法，于1984年绘制出高水平的"大视野动态体视投影图"。

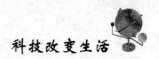

此图由五个动态视野组合，四个过渡视野拟合的大视野动态体视投影图。图幅达零号标准图幅的两倍，约为 2000×1200 毫米，其成图面积为传统单视野体视图的 40 倍，解决了扩大视野和快速绘图问题。乍一看，这是一张普通的园林鸟瞰图，但只要戴上滤色镜去看，图上的全部景物如楼台亭阁、青松草坪等就全部跃然矗立，和立体模型一样。

大视野动态体视投影图的绘制成功，打破了突破了自 1600 年以来体视投影研究徘徊不前的局面，是世界图学中一项新的突破。

最早提出勾股定理的人

勾股定理在西方被称为毕达哥拉斯定理，相传是古希腊数学家兼哲学家毕达哥拉斯于公元前550年首先发现的。其实，我国古代得到人民对这一数学定理的发现和应用，远比毕达哥拉斯早得多。如果说大禹治水因年代久远而无法确切考证的话，那么周公与商高的对话则可以确定在公元前1100年左右的西周时期，比毕达哥拉斯要早了500多年。

中国古代的数学、天文著作《周髀算经》，采用周公与商高对话的形式，对战国以前的数学成就作了很好的科学总结。其中的《勾股章》里，周公问商高古代伏羲是如何确定天球的度数的？天是不能用梯子攀登的，也无法用

《周髀算经》

尺子衡量，数是从哪里得来的呢？商高回答：数的艺术是从研究圆形和方形开始的，圆形是由方形产生的，而方形又是同折成直解的矩尺产生的。在研究矩形前需要知道九九口诀，设想把一个矩形沿对解线切开，把勾和股分别自乘，然后把它们的积加起来，再进行开方，便可以得到弦。

商高即说当直角三角形的两条直角边分别为3（短边）和4（长边）时，径隅（就是弦）则为5。以后人们就简单地把这个事实说成"勾三股四弦五"。由于勾股定理的内容最早见于商高的话中，所以人们就把这个定理叫作"商高定理"。

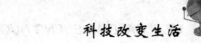

　　中国古代的数学家们不仅很早就发现并应用勾股定理，而且很早就尝试对勾股定理作理论的证明。最早对勾股定理进行证明的，是三国时期吴国的数学家赵爽。赵爽创制了一幅"勾股圆方图"，用形数结合得到方法，给出了勾股定理的详细证明。他用几何图形的截、割、拼、补来证明代数式之间的恒等关系，既具严密性，又具直观性，为中国古代以形证数、形数统一、代数和几何紧密结合、互不可分的独特风格树立了一个典范。

　　这个定理在中国又称为"商高定理"，在外国称为"毕达哥拉斯定理"。为什么一个定理有这么多名称呢？毕达哥拉斯是古希腊数学家，他是公元前5世纪的人，比商高晚出生500多年。希腊另一位数学家欧几里得在编著《几何原本》时，认为这个定理是毕达哥达斯最早发现的，所以他就把这个定理称为"毕达哥拉斯定理"，以后就流传开了。

最早提出剩余定理的人

《孙子算经》约成书于四、五世纪，作者生平和编写年代都不清楚。现在传本的《孙子算经》共三卷。卷上叙述算筹记数的纵横相间制度和筹算乘除法则，卷中举例说明筹算分数算法和筹算开平方法。卷下第31题，可谓是后世"鸡兔同笼"题的始祖，后来传到日本，变成"鹤龟算"。

具有重大意义的是卷下第26题，载有"物不知数"问题，在世界上最早提出了剩余定理："今有物不知其数，三三数之剩五，五五数之剩三，七七数之剩二，问物几何？"意思是，有一批对象，不知道它的数目，3个3个地数最后剩2个，5个5个地数最后剩3个，7个7个地数最后剩2个，问这批物

《孙子算经》

件一共是多少？显然，这相当于求不定方程组：N = 3x + 2，N = 5y + 3，N = 7z + 2，它的正整数解 N，或用现代数论符号表示，等价于解一次同余组。可是，《孙子算经》没有采取简单的方法试算，而是指出了科学的剩余计算方法：三三数之，取数70，与余数二相乘；五五数之，取数21，与余数三相乘；七七数之，取数15，与余数二相乘。将诸乘积相加，然后减去105的倍数。列成算式就是：N = 70 × 2 + 21 × 3 + 15 × 2 − 2 × 105，答案是 N = 23。

孙子算法的关键，在于70、21、15

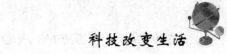

这三个数的确定。明代《算法统宗》中的"孙子歌"（三人同行七十稀，五树梅花廿一枝，七子团圆正半月，除百令五便得知）中也暗指了这三个关键的数字。《孙子算经》虽然没有说明这三个数的来历，但其列出的式子完全符合现代数论中著名的剩余定理的计算。

　　"物不知数"问题，后经南宋数学家秦九韶于公元 13 世纪中叶研究发展为"一次同余式理论"，而欧洲德国数学家高斯研究出同一定理时，已经是公元 19 世纪初的事情了。公元 1852 年，英国基督教士伟烈亚士（1815—1887 年）将《孙子算经》"物不知数"问题的解法传到欧洲。公元 1874 年，马蒂生指出孙子的解法符合高斯的定理，从而在西方的数学史里将这一个定理称为"中国的剩余定理"。

对浮力原理和光直线传播的最早认识

《墨经》是约2450年前中国春秋战国时期墨家学派的重要经典。其中对浮力原理的描述，是世界上最早对浮力原理的认识。

书中说："荆（形）之大，其沈（沉）浅也，说在具（衡）。"意思是形体大的物体，在水中沉下的部分很浅，这是平衡的道理。书中又说："沈（沉）、荆（形）之具（衡）也，则沈（沉）浅，非荆（形）浅也。若易五之一。"意思是浮体沉浸在水中的部分能和浮体保持平衡，浮体沉得浅，并不是因为浮体本身矮浅（而是浮体与水之间存在着比重关系），好像集市上的商品交易，一件商品可以换取五件别的商品。

这里，《墨经》在文字表述上有一个缺点，就是没有看到浮体沉浸水中的部分正是这个物体所排开的液体，所排开的液体重量恰好等于浮力；是浮力与浮体平衡，而不是沉浸在水中的部分浮体和整个浮体平衡。虽然如此，从书中对浮力原理的朴素直观的描述，我们仍可以看到，它已经懂得浮体沉浸在水中的部分（即它所排开的液体）和浮体的关系，这同后来希腊学者阿基米德所建立的浮力原理是相符的。

古代人民从大量的观察事实中认识到光是沿直线传播的，《墨经》中也有对光直线传播所作的最早的解释。

实验的情况是：在一间黑暗的小屋朝阳的墙上开一个小孔，人对着小孔站在屋外，在阳光照射下，屋里相对的墙上就出现了一个倒立的人影。对此，《墨经》解释道："光之煦（照）人若射。下者之人也高，高者之人也下。"意思是说光穿过小孔如同射箭一样，是直线行进的，人的头部遮住了上面来的光，成影在下边，人的足部遮住了下面来的光，成影在上边，于是便形成了倒立的影。这段话科学地解释了光的直线传播原理，阐述了小孔成像的现象。墨家所做的这个实验，是世界上第一个小孔成倒像的实验。和墨翟差不多同时代的希腊柏拉图学派，虽然也认识到了光的直反射，但他们提出的光学理论比《墨经》晚，水平也没有超过《墨经》。

墨子

此外，墨家还运用光的直线传播原理，第一次解释了物和影的关系。《墨经》中说："景（影）不徙，说在改为……光至，景亡；若在，尽古息。"其意是在某一特定的瞬间，运动物体的影子是不动的，运动物体的影子看起来在移动，是旧影不断消失，新影不断产生的结果。书中又说："景二，说在重……二光，夹；一光，一。光者（堵），景也。"这是对本影与半影现象的解释。其意是一个物体有两个影子，是因为它受到双重光源的照射。当两个光源同时照射一个物体时，就有两个半影夹持着一个本应；当一个光源照射物体时，则只有一个影子。光被遮挡之处即生成影子。

历史最悠久的文字

汉字是世界上历史最悠久的文字。

从目前的考古资料来看，汉字在距今约4000年前的夏代初期就出现了。到了商代，汉字已经比较成熟而系统。西周时，汉字字体渐趋方整，已有向规范化发展的趋势了。战国时期各诸侯国割据称雄，语言差异很大，汉字的形体也很不一样。秦始皇统一中国后，李斯整理小篆，"书同文"的历史从此开始。这是汉字发展史上的一个里程碑，为今天的方块汉字奠定了基础。

东汉许慎在《说文解字》中将汉字构造规律概括为"六书"：象形、指事、会意、形声、转注、假借。其中，象形、指事、会意、形声四项为造字原理，是"造字法"；而转注、假借则为用字规律，是"用字法"。以后，汉字在不妨碍达意的前提下，本着书写简便的原则，经历了小篆、隶书、楷书的演变发展过程。

文字学上把小篆以前的汉字称为古文字，隶书以后的汉字称为近代文字。至今我国印刷的书籍报刊，基本上还都使用由楷书演变而来的"宋体字"，而写起来方便省事、容易辨认的行书，则成为今天应用最广的一种手写体。

甲骨文

3000余年来，汉字的书写方式变化

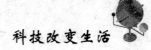

不大，使得后人得以阅读古文而没有阻碍。但近代西方文明进入东方后，整个汉字文化圈的各个国家纷纷掀起了学习西方的思潮，放弃使用汉字是其中重要方面。又由于汉字书写复杂，"汉字落后论"的说法存在了很长时间，并有"汉字拉丁化"甚至废除汉字的推动行为。

但是，由于一个汉字一般具有多种含义，具有很强的组词能力，很多汉字还可独立成词，这使得汉字有极高的"使用效率"，2000 个左右的常用字即可覆盖98％以上的书面表达方式。加之汉字表意文字的特性，汉字的阅读效率很高，具备比字母文字更高的信息密度。这些都使得汉字有着无与伦比、不可替代的地位。

中国是一个统一的多民族国家。除汉族外，一些少数民族如藏族、蒙古族、维吾尔族、朝鲜族等等，也有自己的文字。不过，这些文字的出现都比汉字晚，所以汉字是中国历史最悠久的文字。

世界上曾经有过两种最古老的文字：一是美索不达米亚地区的钉头文字，也叫楔形文字，产生于 5500 年前；二是埃及的象形文字，产生于 4100 年前。但是，钉头文字到了公元前 4 世纪就随着波斯王国的灭亡而消亡了，寿命仅 3000 年；埃及的象形文字到了公元 5 世纪也消亡了，寿命仅 2700 年。而汉字应用到今天，已经约 4000 年了！一种文字历史的存在，不仅要看它产生的时间早晚，还要看它流传的时间长短。因此，说汉字是世界上历史最悠久的文字，是恰如其分的。

最早的地震仪

记录地震波的仪器称为地震仪，它能客观而及时地将地面的振动记录下来。其基本原理是利用一件悬挂的重物的惯性，地震发生时地面振动而它保持不动。由地震仪记录下来的震动是一条具有不同起伏幅度的曲线，称为地震谱。曲线起伏幅度与地震波引起地面振动的振幅相应，它标志着地震的强烈程度。从地震谱可以清楚地辨别出各类震波的效应。纵波与横波到达同一地震台的时间差，即时差与震中离地震台的距离成正比，离震中越远，时差越大。由此规律即可求出震中离地震台的距离，即震中距。东汉时张衡发明的地动仪，是世界上最早的观测地震的仪器。

东汉时期，地震频繁，据《后汉书·五行志》记载，自和帝永元四年到安帝延光四年（92—125 年）的三十多年间，较大的地震就发生了 26 次，给人民的生命财产造成了巨大损失。为了掌握全国各地的地震动态，张衡在前人积累的地震知识基础上，经过多年研究，终于在阳嘉元年（132 年）成功地制造出地动仪。

《后汉书·张衡传》记载："地动仪以精铜制成，圆径八尺，合盖隆起，形似酒樽（酒坛）。"仪器里面，中央竖立着一根上粗下细的铜柱（相当于一种倒立型的震摆），叫做"都柱"。都柱周围有八条通道，称为"八道"，八道是与仪体相连接的八个方向的八组杠杆机械。仪体外部相应地铸有八条

张衡像

龙，头朝下、尾朝上，按东、南、西、北、东南、东北、西南、西北八个方向布列。每个龙头的嘴里都衔着一个小铜球，每个龙头下面均蹲着一只铜制的、昂头张口准备承接小铜球的蟾蜍。一旦发生强烈地震，都柱便因震动而失去平衡，倒向地震发生的方向，从而触动八道

候风地动仪

中的一道，使相应的那条龙嘴张开，小铜球即落入铜蟾蜍口中，发出很大声响，这样人们就会知道在什么时间什么方位发生了地震。

　　顺帝永和三年（138 年）二月初三那天，安置在京城洛阳的地动仪，正对着西方的龙嘴突然张开，吐出了小铜球，激扬的响声，惊动了四周，人们纷纷议论，大地并没有震动，地震仪为什么会报震呢？大概是地震仪不灵吧？谁知过了没有几天，陇西（今甘肃省西部）发生地震的消息便传来了，于是人们"皆服其妙"。陇西距洛阳 1000 多里，地动仪能够准确地测知那里的地震，事实生动地证明了地震仪是何等的灵敏、何等的准确！

　　张衡创制地动仪，是世界地震学史上的一件大事，开创了人类使用科学仪器测报地震的历史，在人类同地震做斗争的历史上写下了光辉的一页。对此，长期以来中外科学家一直给予极高的评价，认为它是利用惯性原理设计制成的，能探测地震波的主冲方向。在科学技术还很落后的 2 世纪初能做到这一点，是极其难能可贵的。欧洲直到公元 1880 年才制造出地震仪，比中国晚了 1700 多年。

首创地质力学的人

20 世纪 20 年代，中国地质学家李四光在世界上首创了地质力学。

李四光，中国地质事业的奠基者和领导人。他毕生从事地质科学的研究和教育事业，成就卓著，蜚声海内外，是中国冰川学研究的奠基人。他独创的地质力学理论，为中国的地质、石油勘探和建设事业做出了巨大贡献。

李四光，原名李仲揆，1889 年出生于湖北省黄冈县一个贫寒人家。他自幼就读于其父李卓侯执教的私塾，14 岁那年告别父母，独自一人来到武昌报考高等小学堂。在填写报名单时，他误将姓名栏当成年龄栏，写下了"十四"两个字，随即灵机一动将"十"改成"李"，后面又加了个"光"字，从此便以"李四光"传名于世。

1904 年，李四光因学习成绩优异被选派到日本留学。他在日本接受了革命思想，成为孙中山领导的同盟会中年龄最小的会员。1910 年，李四光从日本学成回国。武昌起义后，他被委任为湖北军政府理财部参议，后又当选为实业部部长。袁世凯上台后，革命党人受到排挤，李四光再次离开祖国，到英国伯明翰大学学习。1918 年，获得硕士学位的李四光决意回国效力。途中，为了解十月革命后的俄国，还特地取道莫斯科。

从 1920 年起，李四光担任北京大学地质系教授、系主任，1928 年又到南京担任中央研究院地质研究所所长，后当选为中国地质学会会长。他带领学生和研究人员常年奔波野外，跋山涉水，足迹遍布祖国的山川。他先后数次赴欧美讲学、参加学术会议和考察地质构造。1949 年秋，新中国成立在即，正在国外的李四光被邀请担任政协委员。回到新中国怀抱的李四光被委以重任，先后担任了地质部部长、中国科学院副院长、全国科联主席、全国政协

科技改变生活

副主席等职。他虽然年事已高，仍奋战在科学研究和国家建设的第一线，为我国的地质、石油勘探和建设事业做出了巨大贡献。1958年，李四光由何长工、张劲夫介绍加入了中国共产党，由一个民族民主主义者成为共产主义战士。60年代以后，李四光因过度劳累身体越来越

李四光

差，还是以巨大的热情和精力投入到地震预测、预报以及地热的利用等工作中去。1971年4月29日，李四光因病逝世，享年82岁。

地质力学是介于地质学和力学之间的新兴边缘科学。地质力学理论认为，地壳上任何一种构造形迹，都反映了地应力的作用。这种地应力作用是研究地质力学、分析构造形迹特征以及它们之间内在联系的基础。李四光运用地质力学的原理，从运动的观点分析研究地壳构造与地壳运动的现象，探索地壳构造、地壳运动及矿产分布的规律，建立了"构造体系"这一地质力学的基本概念。从而开创了地质科学的新局面，使地质科学的发展进入了一个新阶段。

例如，李四光根据地质力学的原理，分析中国东部地区地质构造特点，认为整个新华夏体系就是"多字型构造体系"，它的三个沉降带既生油又储油，具有广阔的找油远景。从理论上否定了"中国贫油"论。后来大庆、胜利、大港、华北等大型油田的相继发现，完全证实了他的科学预见。地质力学研究各种类型构造体系的工作，对研究外生和内生矿产的形成和分布具有重大意义。因此，地质力学认为，对地壳构造和地壳运动规律的正确认识，是找矿和解决其他地质问题的关键。

此外，李四光还把地质力学应用于地震地质工作方面，强调在研究地质构造活动性的基础上，观测地应力的变化，为实现地震预报指明了方向。

最早利用热气流产生机械旋转的装置

出现在中国北宋时期的"走马灯",是我国长期流行于民间,受到人民群众喜爱的玩具,是世界上最早利用热气流产生机械旋转的装置。

走马灯究竟起源于何时?众说纷纭。科学史研究者大都依据文学家范成大(1126—1193)的诗文记载,认为南宋时才有走马灯。范成大的诗集中有首记叙苏州正月十五上元节的诗,诗中描绘了千姿百态的灯。诸如飘升于天的孔明灯,在地上滚动的大滚灯,以及"转影骑纵横的走马灯"等。当时似无"走马灯"之名,诗人自注为"马骑灯"。诗人所记为淳熙十一年之事,即公元1184年。

走马灯示意图

其实,早在西汉时已有类似热气球原理的试验,后人制成孔明灯。考古时亦发现,东汉时类似走马灯叶轮(俗称伞)的装置,纸风车也已成为儿童玩具。唐代的灯具,有更奇异的"仙音烛",即能够奏出动听音乐的灯烛。"其形状如高层露台,杂宝为之,花鸟皆玲珑。台上安烛,烛点燃,则玲珑者皆动,叮当清妙。烛尽绝响,莫测其理"。

我们知道,空气在燃烧受热后上升,冷空气进入补充,由此而产生空气对流。走马灯就是利用燃烧加热而上升的空气推动纸轮旋转而制成的。南宋姜

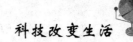

夔在《白石道人诗集》中谈到走马灯时说："纷纷铁马小回旋，幻出曹公大战车。"周密在《武林旧事》中记载道："罗帛灯之类尤多，……若沙戏影灯（走马灯），马骑人物，旋转如飞……"

走马灯的构造很简单。它是在一根主轴的上部横装一个叶轮，叶轮下面、主轴底部的近旁安装一个烛座，蜡烛燃烧后，上方空气受热膨胀，密度降低，热空气即上升，而冷空气由下方进入补充，产生空气对流，从而推动叶轮旋转。在主轴的中部，沿水平方向横装四根铁丝，外贴纸剪的人马。夜间纸人纸马随着叶轮和主轴旋转，影子就投射到灯笼的纸（或纱）罩上，从外面看，就呈现出前面诗文中所说的"旋转如飞"的有趣表演。

走马灯的构造原理和现代的燃气涡轮机是相同的，可以说，走马灯是燃气涡轮机的萌芽。欧洲在1550年发明了燃汽轮，用于烤肉，以后在工业革命中，燃汽轮得到发展，用于工业生产，产生巨大的革命性的后果。可惜的是，中国古代发现、利用了空气驱动的原理，制造玩具，但始终没有能进一步加以研究，使之在生产活动中加以应用。

最早对合金规律的认识

青铜是铜、锡等元素的合金，因其颜色青绿而得名。早在夏代，中国就已进入了青铜时代，商、周时期更冶铸了数量众多、工艺精良的青铜器，创造了举世闻名的灿烂的青铜文化。中国古代劳动人民在长期的青铜冶铸实践中，总结出配制铜锡合金的6条原则——"六齐"。"齐"同"剂"，是调剂、剂量的意思。六齐是世界上最早对合金规律的认识。

六齐见于春秋战国时期成书的《周礼·考工记》，原文是："金有六齐：六分其金而锡居一，谓之钟鼎之齐；五分其金而锡居一，谓之斧斤之齐；四分其金而锡居一，谓之戈戟之齐；三分其金而锡居一，谓之大刃之齐；五分其金而锡居二，谓之削杀矢之齐：金锡半，谓之鉴燧之齐。"这里，"金有六齐"中的金指青铜，"几分其金"的金，经近人研究认为是指赤铜。照此解释，青铜中铜和锡的重量比在钟鼎之齐是 6：1；在斧斤之齐是 5：1；在戈戟之齐是 4：1；在大刃之齐是 3：1；在削杀矢之齐是 5：2；在鉴燧之齐是金一锡半，即 2：1。

我们知道，青铜含锡量在 17%（约 1/6）左右，质坚而韧，音色较好，这正是铸钟鼎之类所需要的。大刃和削、杀、矢之类的兵器要求有较高的硬度，含锡量

《周礼冬官考工记》

应比较高。斧、斤等工具和戈、戟等兵器需有一定韧性，所以含锡量应比大刃、削、杀、矢为低。鉴燧之齐含锡量高，是因为铜镜需要磨出光亮的表面和银白色金属光泽，还需要有较好的铸造性能以保证花纹细致。综上所述，可见六齐的基本精神与现代科学原理是相合的，它是合金配比的经验性科学总结。

中国的青铜冶炼在世界上虽然不是最早出现的，但是发展很快，后来居上。之所以如此，其中一个重要原因，就是很早认识了合金规律。

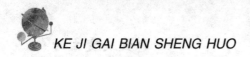

最早的水车

中国的龙骨水车，是世界上最早的水车，西方迟至 1500 年后才能制造这种以链轮传动、翻板提升为工作原理的水车。

龙骨水车又叫翻车，一说是东汉灵帝（168—189 年）时毕岚所创造，因由木链、水槽、刮板等组成，节节木链似根根龙骨，因此得名龙骨水车。一说是三国时期魏国扶风（今陕西兴平）人马钧所发明。当时，农田灌溉工具效率不高，特别在一些地势高的坡地引水灌溉很困难。在马钧的住房旁边，就有一块比较高的荒坡地没有开垦。马钧想利用这块荒坡种点蔬菜，可是没法把水引到坡地上去浇灌。马钧仔细研究了附近的水源，总结前人的经验，设计了一种新的提水工具，这就是"翻车"。总结众人之说，当是东汉末毕岚

翻车

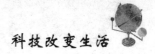

所发明，三国马钧予以完善。

"翻车"亦称"踏车"、"水车"，省称"龙骨"，主要由水槽、木链、刮板等组成，是在前人创造的用来吸水洒路的翻车的基础上，加以改进制成的，结构巧妙，很像一种链唧筒，能够连续不断地将水提上来。水槽系木板所制，最长的可达两丈，是水车的车身。水槽内由木条和刮板作成链子，连成一圈，套置于水槽中。水车汲水时，一般安放在河边，将水槽的一端伸入水中，利用链轮传动原理，以人力或畜力为动力，带动木链周而复始地转动。这样，串装在木链上的刮板便能顺着水槽把河水提升到岸上，灌溉农田。龙骨水车若是以牛为动力，一天能浇地 10 亩；2 个人或 4 个人足踏，一天可浇地 5 亩，比单纯的人力浇地效率高多了。

龙骨水车结构合理，可靠实用，千百年来一直流传沿用，其主要结构并没有什么变化。直到 20 世纪 50 年代末，在中国农村仍有使用。后来，因为农用电动水泵的兴起，它才完成了历史使命，慢慢退出历史舞台。

最早制造瓷器的国家

在中华民族发明创造的百花丛中，还有一朵绚艳夺目的花朵，那就是瓷器之"花"。瓷器是我国重大的发明之一，远在夏商时已有原始素烧的瓷器，后经我国劳动人民历代的研究、改进，制瓷技术逐渐有了提高，到唐代已发展到相当高的水平，特别是到明代已发展到了一个鼎盛阶段，得到国内外的称赞。

在世界上，中国是最早发明瓷器的国家，比意大利威尼斯开设的第一家瓷器工场早2000多年，素有"瓷器之国"之称。

瓷器是由高岭土、长石和石英等作为原料，经过混合、成形和烧制等步骤而制成的成品。瓷器的发展也有一个由低到高、由简到繁的发展过程。最早为青瓷，进而发展到白瓷，后又发展为彩瓷。据专家考证，青瓷最早产于浙江的绍兴、上虞一带；白瓷据现有资料证实，最早是北齐武平六年（575年）范梓墓出土的一批白瓷；彩瓷发明于唐代，最称著的为"唐三彩"。所谓"唐三彩"就是在无色釉的白地胎上，用铅黄、绿、青等色画成花纹图案，烧制而成的瓷器，因始创于唐代，故称"三彩"。唐三彩的发明，标志着唐代制瓷业者对化学特性的认识、对釉色的精细调配、烧炼时火候的掌握和控制已发展到较高的水平。这是唐代制瓷业的新发展。

唐代瓷器

唐代瓷器的改进，标志着瓷器已从陶器中分化出来，成为独立的手工业。当时瓷窑几乎遍布全国各地。北起河北、陕西，南至广东、福建、江西，到处都有瓷窑。当时最盛行的是白瓷、青瓷二大类。白瓷以邢州（今河北邢台）邢瓷产品为代表，还有河南巩县、汤阴，江西的景德镇及四川的大邑等地。白瓷特点是：坯体坚细，釉色洁白。唐青瓷以越州（今浙江余杭）的产品为代表，主要产地尚有新州（今湖南常德）、婺州（今浙江金华）、兴州（今安徽淮南）、洪州（今江西南昌）等地。其特点是：瓷土细腻，胎质薄，瓷化程度高，釉色晶莹润泽。

唐代瓷器

到五代时，制瓷技术及品种又有提高。据史书记载，吴越国贡品有秘色（即青蓝色）瓷器，成为当时的佳品。周世宗在北方郑州还特设了柴窑，其产品据史书记载：青如天，明如镜，薄如纸，声如磬。技术精湛，堪称诸窑之首。在品种上，除生产日常生活用品及建筑上用的瓷砖、瓦外，还发展了"瓷版"和"瓷刻"的新工艺，说明我国当时的制瓷技术已很高。

中国产瓷称著的地方还要数景德镇。景德镇在唐代隶属于饶州新平县，唐玄宗时改称为新昌县，后又改为浮梁县。据浮梁县志称："唐高宗时，早南镇（即景德镇）民陶玉献瓷器，称为假玉器，从此昌南镇的瓷器名闻天下。天宝年间，韦坚献南方诸郡特产，豫章郡（即拱州）船载名瓷。"由此可见，洪州（今南昌）瓷一向称著。到北宋乃至明代时，景德镇瓷器成为瓷业的中心，各种釉色和彩绘瓷器不断有所创新。景德镇瓷器所以遐迩中外，是有悠久的历史传统的。清代朱琰对景德镇瓷器盛况曾有比较全面的专著。

从唐以后，我国的瓷器已出口东西方各国。从有关文献记载和已发现的实物证明，我国的瓷器及其制作技术已传到东南亚、日本和阿拉伯年国家。这从1854年在印度发掘的邢窑白瓷和越窑青瓷的残碗及1910年在伊朗发现的唐三彩的陶瓷残片以及从阿拉伯国家发现的仿造中国瓷器的仿制品中得到验证。这是我国人民对人类社会发展和科学进步的又一重要贡献。

最早的古代炼丹术

化学这门科学，是在欧洲中世纪炼丹术的基础上发展起来的，欧洲中世纪的炼丹术导源于阿拉伯的炼丹术，而阿拉伯的炼丹术又是从中国传去的。

中国炼丹的历史，可追溯到 2200 多年前的战国时期。当时有所谓的方士（也称术士）从事炼丹活动，司马迁在《史记·孝武本纪》等篇章中，就提到过战国时期燕国方士的姓名和事迹。到了晋代，由于炼丹术基本上被道教所垄断，炼丹的方士也就被道士所取代了。

炼丹的目的，一是炼出"仙丹"，以求服用后长生不老；二是用普通金属炼成黄金、白银，获取巨大的财富。炼丹家所追求的目的当然是虚妄的，但是，由于他们使用的炼丹原料主要是汞、硫黄、铅、硝石、云母等矿物，炼丹过程中使用了坩埚子、蒸馏器、华池（盛有浓醋的溶解槽）、研磨器等器具，从而使炼丹过程往往形成各种物质的化学反应过程。同时，炼丹家们在长期的炼丹实践中，发现了物质变化的种种现象，并对其中的某些规律性作了有益的探讨。这些，都使炼丹活动在化学、冶金学、药物学等多方面取得了重要的成就。例如：

炼丹

中国四大发明之一的火药，就是古代炼丹术的辉煌成就。当炼丹家把硝石、硫黄、木炭混合在一起炼药时，发现会发生猛烈的燃烧。经过反复实践，人们认识到这三种物质的混合物遇火即燃的性能，于是发明了火药。炼丹家们在企图用普通金属炼成黄金、白银等贵重金属的过程中，逐步摸索到一些冶金原理，冶炼出含锌的貌似黄金的黄铜，以及含镍的类似白银的白铜。

葛洪

古代的炼丹家通过实践，观察到许多物质的化学反应。在一些炼丹的著作中，对氧化、还原、金属置换、酸碱相互作用等有很多记载。如晋代葛洪所著的《抱朴子内篇·金丹篇》，总结出"丹砂烧之成水银，积变又还成丹砂"。丹砂即硫化汞，呈红色。这种人造的红色硫化汞，可能是人类最早通过化学方法制成的产品之一又如，从西汉的《淮南万毕术》开始，不少炼丹著作都记录了把铁放在胆矾（硫酸铜）溶液中，可以将铜置换出来。这就是世界上水法冶金的起源棗胆水炼铜法。

中国古代的炼丹家在医药方面也作出了杰出贡献。炼制的一些无机药品，以及对这些药品性能的认识，都走在世界前列。如用水银、猪油合剂配制软膏，早于欧洲800多年。又如，用水银制剂作利尿药，用水银、锡和银制作牙齿填充剂，均早于欧洲1000多年。

中国的炼丹术在唐代传到阿拉伯，公元12世纪又由阿拉伯传到欧洲，从而为后世化学的兴起和发展奠定了基础。

第一例试管山羊

1984 年 3 月 9 日，世界上第一只试管小羊在日本著名科学城筑波的畜产试验场诞生，这只小山羊是由中国青年科学家、内蒙古大学的讲师旭日干和日本科学家花田章教授合作试验成功的。

1982 年，内蒙古大学讲师旭日干到日本兽医畜产大学及日本农林省畜产试验场进修学习，他的研修课题，是被各国畜牧专业认为最难突破的家畜体外受精。家畜体外受精，是当代世界上迅速发展的生命科学的一个重要领域。但是，由于牛、羊等家畜的精子没有穿越卵子的足够能力，致使这方面的研究长期没有进展。

旭日干勤奋刻苦，将全部精力都用在突破这一课题上。他与日本的花田章博士合作，于 1983 年 10 月，把用化学药物处理过的公山羊精子，与母山

旭日干与刚出生的"试管羊"在一起

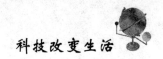

羊卵子在试管中受精。然后把 12 个受精的卵子，移植到 5 只 2 岁以上的母山羊的子宫中。其中四例子宫着床失败，剩下的一例获得成功，并于 1984 年 3 月 9 日顺利产子，这是世界上第一例试管山羊。这只被取名为"日中"的世界上第一胎试管山羊，轰动了整个生物技术领域，许多新闻媒体纷纷予以报道，旭日干也因此赢得了"试管山羊之父"的美誉。

这一成果不仅丰富了生殖生物学、发育生物学的内容，而且为家畜细胞工程、胚胎工程的发展开辟了新的技术途径。此后，旭日干利用试管羊技术，进行了多年高产优质绒山羊的育种研究，使"内蒙古优质高产型绒山羊新品系"培育取得了重大进展。新培育出来的白绒山羊既保留了阿尔巴斯白山羊绒质优良的品质，又吸收了辽宁盖县白绒山羊绒产量高和其他山羊的特点，成年母羊平均产绒高出土著山羊一倍以上，达到 527 克，高产型成年母羊个体产绒突破 1000 克，绒细为 14.57 微米，均达到了国内领先水平。继 1984 年培育出世界第一胎试管山羊，1989 年，旭日干又接连培育出中国第一胎试管绵羊和第一头试管牛犊。

第一个冬小麦花培新品种

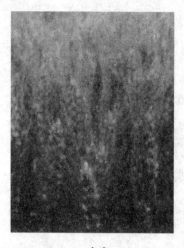

小麦

"京花一号"是世界上第一个用花粉培育的冬小麦新品种。

"京花一号"1983年试种面积已扩大到10万亩，1984年获得了好收成。该品种是由中国北京市农林科学院作物所副研究员胡道芬领导的课题组，经过6年艰苦努力培育成功的。胡道芬在育种方法上获得突破，探索出一条将花培育种与常规育种结合的冬小麦育种新途径。使育种周期缩短了4年。这是具有世界先进水平的重大成果，它丰富了冬小麦花培育种的理论和实践，受到国际遗传学界的高度评价。

花培育种即单倍体育种，就是将花药放在特殊的无菌培养基上，再加入生长素、激动素等物质，促使花药细胞分裂，先形成不具分化的细胞团块（即愈伤组织），继而再诱导其产生器官分化，长出根、茎、叶，形成完整的植株。

花培育种是世界上蓬勃兴起的生物工程中的一项重要内容。由于将冬小麦的花粉接种到培养基上，很难培育出花粉植株，所以，攻克冬小麦花培育种是一道难关。胡道芬领导的课题组知难而上，对花药培养和花粉植株移栽技术进行了大胆的改革和创新，逐步建立起冬小麦花粉育种的程序。他们育出的"京花一号"，抗逆性强、品质好，亩产一般可达300～400公斤，成为深受农民欢迎的小麦品种。

最早的复种轮作

复种，是在同一块土地上，一年播种和收获两次以上的耕作方法。复种可以充分利用单位面积的土地，提高农田的产量；轮作是在一块田地上依次轮换栽种几种作物。轮作可以改善土壤肥力，减少病害。

中国最早实行复种轮作是在战国时期。当时，随着农业生产的发

《管子》书影

展，部分地区改变了一年一熟制，把冬麦和一些春种或夏种的作物搭配起来，采取适当的技术措施，在一年或几年之内，增加种植和收获的次数。《管子·治国》说：当时"嵩山（今河南登封）之东，河（黄河）汝（汝水）之间"，已经能够"四种而五获"（四年五熟）。《荀子·富国》说：当时黄河流域有的地方，可以"一岁而再获之"（一年两熟）。

复种轮作的耕作技术，在后世的农业生产中不断得到发展和提高。汉代的《异物志》说，南方有"一岁再种"的双季稻。东汉著名的经学家郑玄注释《周礼》时提到，在他生活的那个时期，已经流行"禾下麦"（粟收获后种麦）和"麦下种禾豆"的耕作方式。北魏的《齐民要术》对复种轮作的认识已经比较深刻，书中总结了一套轮作法，并对不同的轮作方式进行了比较，还特别强调了以豆保谷、养地和用地相结合的豆类谷类作物轮作制。复种轮作的推广，对促进中国古代农业的发展起了重要作用。而欧洲，直到18世纪30年代，英国才出现轮作。

最早养蚕织帛的国家

中国是一个伟大的文明古国，又是养蚕织帛最早的国家。由于我国丝绸闻名于世，所以被誉为"丝绸之国"。

据史学家考证，我国养蚕早在 6000 年前就有了。在 4000 年前，不仅能养蚕，还能缫丝并能织出最原始的帛。到商代作为手工业的蚕丝业已较发达，在织帛技术和品种上均有很大的改进与提高。到西汉以后，我国的丝绸不但能供给国内皇宫和贵族的需要，而且能大量地通过甘肃、新疆，越过葱岭，从众所周知的"丝绸之路"输往西亚和欧洲各国。此外，在唐宋时，为了适应各国交往的需要，随着我国政治、经济的南移，造船和航海事业的发展，又开辟了海上蝗绸通道，大大促进了东西方的友好往来。从西汉到隋唐的 1000 多年中，中国人民和世界各国人民，经过"丝绸之路"进行了大量广泛的经济和文化交流，使我国与亚、非、欧各国建立了悠久的历史友谊，这是我国人民对世界各国人民的一个贡献。

蚕有桑蚕、柞蚕之分。桑蚕食桑树叶，故名桑蚕；柞蚕食柞树叶，故称柞蚕。所谓蚕丝就是由蚕体内一对排丝腺分泌出来的胶状凝固物。主要有两种，一为桑蚕丝，一为柞蚕丝。桑蚕丝指桑蚕在化蛹前结茧时吐的丝，大都呈白色，光泽良好，手感柔软，供纺织丝绸用；柞蚕丝是指柞蚕吐的丝，原为褐色，缫成效后昆淡黄色。柞蚕丝较桑蚕丝粗，不易漂染，常用于织柞蚕丝绸，是我国的特产之一。

蚕丝经过缫丝和纺织等工序便成为人们日常使用的各种绸缎。唐代诗人白居易有一首赞美一种优良的丝织品的诗。诗曰："缭

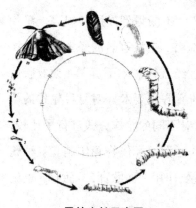

蚕的生长示意图

绫绕绫何所似？不似罗绡与纨绮。应视天台山上月明前，四十五尺瀑布泉。中有文章又奇绝，地铺白烟花簇雪。"诗所赞的是一种精细的丝织品，是用青、白二色细丝织成的，产于浙江。这种珍品，为数很少，多用于皇宫内使用。然而产量较多，使用面较广的是绢和绵。

桑蚕

绢是用生丝织成的一种平纹织品，主要产于唐代北方各州，按其质量优劣又分为若干等级。最好的要数宋州（今河南商丘）和亳州（今安徽亳县）的产品，其特点是质轻。据古书记载，当时有一种轻绢，一匹四丈，只有半斤重。亳州还有一种比绢还轻的薄纱，拿在手中轻若无物。有的绢纱上还绘制了各种花草图案和飞禽走兽，很有艺术价值。这充分证明我国唐代劳动人民的智慧和印染技术已相当精湛高超。

绵是带彩色大花纹的丝织品，其特点是细密柔软，花纹更精美。据史书称，在春秋时期，我国吴楚两国边邑妇女因争桑树而引起战争。此外，齐国自春秋以来，丝织麻织品，通往各国，号称"冠带衣履天下"。可见丝织品在春秋时期已很发展，特别是唐代的织法、纹饰和色彩更加丰富。据有关专家对吐鲁番出土的各种丝织品的色谱分析，花色竟有 24 种之多。历代诗人对我国丝绸赞不绝口。南朝陈淑宝诗曰："日里丝光动，水中花色沉。"唐周彦辉："云低上天晚，丝雨带风斜。"宋陆游诗曰："丝丝红萼弄春柔，不似疏梅只惯愁。"足见丝绸影响面之广。

我国的丝绸业不仅在花色品种上闻名遐迩，而且在技术上向"刺绣"、"织花机"和"丝绸印刷"发展，这是丝织业的又一发展。据史书记载，公元89年，东汉明帝率领大臣祭天地，都是穿的五彩花纹服装，这是陈留郡襄邑向皇帝进的贡品，可见丝绸刺绣已有织花机了。在魏明帝时，有一博士冯钩改良织绫机，既省工省力，又在花纹上更提高了一步。

首次获得的高临界温度超导体

陈立泉像

1987 年 2 月 20 日，中国科学院物理研究所在世界上首次获得了绝对温度 100 度以上的高临界温度超导体。

超导是物体超导电性能的简称。它是指某些物体在低温下电阻完全消失的现象。物体从有电阻变为无电阻的温度称为转变温度，在科学上用绝对温度 K 来表示，绝对温度的零度相当于零下 273 摄氏度。

超导技术是当代新兴尖端技术之一，超导材料的开发应用，有可能像半导体材料那样导致一场新的工业革命和技术革命。

超导现象 1911 年就已发现，但直到 1986 年以前，超导体只能在极低温区的液氦下工作。氦是一种稀有气体，液化复杂，成本昂贵。如果能找到一种超导体，转变温度在 77K 以上，就可以在来源丰富、液化简便的液氮下工作。这将使超导技术的大规模应用成为可能。因此科学家们一直在为寻找液氮下工作的高临界温度超导体而努力。

1986 年底，中国科学院物理研究所副研究员赵忠贤、陈立泉领导的研究组获得了绝对温度为 48.6 度的超导体。1987 年 2 月，美国获得了绝对温度为 98 度的超导体。1987 年 2 月 20 日，赵忠贤、陈立泉领导的研究组又首先在世界上获得了绝对温度为 100 度以上的超导体。这项成果居于国际领先地位，是中国在超导研究中的重大突破。

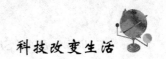

最早的结构先进的高炉

河南郑州古荥镇汉代冶铁高炉遗址中的一号高炉，是世界上最早的结构先进的高炉。

中国约在春秋中期就掌握了冶铁技术；不迟于春秋晚期即能炼成铸铁（也叫生铁），比欧洲领先了近2000年。中国炼铁技术突飞猛进的首要原因，是在世界上最早采用了高炉炼铁。

中国冶铁的高炉是由炼铜的竖炉发展而来的。春秋时代，中国已经比较广泛地用竖炉炼铜了。在湖北大冶地区发现的春秋时代三座炼铜竖炉，复原后其结构特点与炼铁用的高炉十分相似。

根据目前的考古发现，中国最早的高炉产生于汉代。汉代的冶铁高炉遗址，在河南、江苏、北京以及新疆等地多次被发现，其中结构最先进的一座是河南郑州古荥镇一号高炉。经过复原，高炉炉体高4.5米，为椭圆形，这种炉体结构能克服风力吹不到中心的困难。高炉下部的炉墙向外倾斜，形成62度的炉腹角，从而使边缘的炉料与煤气能够有相当充分的接触。全炉可能有4个风口，用4个皮风囊鼓风。这座高炉的容积约44立方米，日产量约0.5吨到1吨。在约2000年前，中国的高炉就已具有如此先进的结构，实在是一项杰出的成就。这在当时世界上是其他国家望尘莫及的。

水彩画高炉

最早的炼焦和用焦炭冶金

焦炭

南宋时期，中国开始炼焦和用焦炭冶炼金属。

中国最初的冶金燃料是木炭。木炭的优点很多，比如气孔度大，使料柱有良好的透气性，这在古代鼓风能力不强，风压不高的情况下，是非常重要的。但木炭作为冶金燃料，也有其不易克服的缺点，即资源有限。在寻找新能源的过程中，人们发现了煤。煤燃烧的温度较高，燃烧时间也长，但煤在炉内受热后易碎，影响炉料的透气性，而且煤中含有硫、磷等有害杂质，在冶炼过程中它们会进入生铁而引起热脆和冷脆。

焦炭则是用炼焦煤干馏而成的，它保留了煤的长处，避免了煤的缺点，直到现在仍是冶金生产的主要燃料。1961 年，在广东新会发掘的南宋咸淳末年（1270 年左右）的炼铁遗址中，除发现了炉渣、石灰石、矿石外，还有焦炭出土。这是中国炼焦和用焦炭冶金的最早的实物，说明当时中国已经炼焦和用焦炭冶炼金属了。

中国是世界上最早炼焦和用焦炭冶金的国家。欧洲人直到 18 世纪初才知道炼焦，才把焦炭用于冶金，比中国晚了 400 多年。

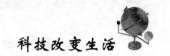

古代最先进的车马系驾法

古代，中国创造的车马系驾法在世界上是最先进的。

商、周时代，中国采用的是轭靷（轭，牛马等拉东西时架在脖子上的器具；靷，引车前行的皮带）式系驾法，马的承力点在肩胛两侧接轭之处。约公元前 4 世纪留传下来的一只漆盒子上，画着一匹马，套着轭具，马车辕上的挽绳就拴在马轭上。公元前

古代马车

2 世纪，又将轭靷法改进为更简便的胸带式系驾法。胸带法将以前车的鞅（古代用马拉车时安在马脖子上的皮套子）与靷相连接，承力部位降至马胸前，使轭变成一个支点，只起支撑衡、辕的作用。

西方在古代采用的是颈带式系驾法，即将马用颈带系在车轭上，轭接衡，衡连着辕，驾车的马就以颈带负衡曳辕前进。由于颈带压迫马的气管，马奔走越快，呼吸越困难，若奋力前行，还有可能把自己勒死。颈带法严重影响了马力的发挥。直到公元 8 世纪，西方才将颈带法改进为胸带法。

公元 13 世纪 60 年代，中国又完成了鞍套式系驾法的创制，而西方直到 14 世纪才有使用鞍套式系驾法的文字记载。直到今天，鞍套式系驾法仍然是世界上通用的系驾方法。

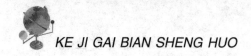

最早应用"海拔"概念的人

以平均海水面作标准的高度叫海拔。中国元代著名科学家郭守敬，在世界上最早将"海拔"概念应用于地理和测量学。

郭守敬（1231—1316），字若思，顺德邢台（今河北邢台）人，中国元代的大天文学家、数学家、水利专家和仪器制造家。中统三年（1262 年），郭守敬被元世祖忽必烈任命为提举诸路河渠，负责各路河渠整修事务；以后，又任负责河工水利的都水监、工部郎中等官职。在此期间，他勘察治理"河、渠、泊、堰"，兴修水利工程，发展农田水利事业，取得了十分显著的成就。

至元十二年（1275 年），郭守敬奉命踏勘黄淮平原地形和通航水路，并

简仪

相机建立"水站"（水上交通站）。他自孟津（今河南省孟津县东南）以东，沿黄河故道，在方圆几百里的范围内进行了地形测绘和水利规划工作，还画成地图，一一详细说明。据《知太史院事郭公行状》记载，在这项工作中，郭守敬"尝以海面较京师至汴梁地形之高下相差"，即以海平面为标准，比较大都（今北京）和汴梁（今河南开封）地形的高低。这是"海拔"概念在地理学和测量学中最早的应用，这一创造性的成就远比西方为早。

郭守敬像

郭守敬还和王恂、许衡等人，共同编制出我国古代最先进、施行最久的历法《授时历》。为了编历，他创制和改进了简仪、高表、候极仪、浑天象、仰仪、立运仪、景符、窥几等十几件天文仪器仪表；还在全国各地设立 27 个观测站，进行了大规模的"四海测量"，测出的北极出地高度平均误差只有 0.35；新测二十八宿距度，平均误差还不到 5′；测定了黄赤交角新值，误差仅 1′多；取回归年长度为 365.2425 日，与现今通行的公历值完全一致。

郭守敬编撰的天文历法著作有《推步》、《立成》、《历议拟稿》、《仪象法式》、《上中下三历注式》和《修历源流》等十四种，共 105 卷。

为纪念郭守敬的功绩，人们将月球背面的一环形山命名为"郭守敬环形山"，将小行星 2012 命名为"郭守敬小行星"。

最早的十进位值制记数法

十进位值制记数法，是中国古代劳动人民一项非常出色的创造。十进，就是以十为基数，逢十进一位。位值这个数学概念的要点，在于使同一数字符号因其位置不同而具有不同的数值。例如同样是 2，在十位就是 20，在百位就是 200；又如 4676 这个数，同一个 6 在右数第一位表示的是个位的 6，在右数第三位则表示 600。

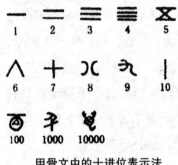

甲骨文中的十进位表示法

中国自有文字记载开始，记数法就遵循十进制了。商代的甲骨文和西周的钟鼎文，都是用一、二、三、四、五、六、七、八、九、十、百、千、万等字的合文来记 10 万以内的自然数。这种记数法已含有明显的位值制意义，只要把千、百、十和又的字样取消，便和位值制记数法基本一样了。

十进位值制记数法给计算带来了很大的便利，对中国古代计算技术的高度发展产生了重大影响。它比世界上其他一些文明发生较早的地区，如古巴比伦、古埃及和古希腊所用的计算方法要优越得多。印度则一直到公元 6 世纪还用特殊的记号表示二十、三十、四十……等十的倍数，7 世纪时才有采用十进位值制记数法的明显证据。

十进位值制记数法，是我们祖先对人类文明的一项不可磨灭的贡献。马克思称赞它是"最妙的发明之一"。英国著名科技史专家李约瑟博士评价说："如果没有这种十进位制，就几乎不可能出现我们现在这个统一化的世界了。"

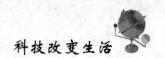

最早将圆周率数值精确到
小数点后 7 位数字的人

中国南北朝时期南朝的科学家祖冲之，在世界上最早将圆周率的数值精确到小数点以后的七位数字。

祖冲之（公元 429—500 年），字文远，范阳遒（今河北涞水）人，历任南徐州从事史、公府参军等职。他博学多才，在数学、天文历法方面造诣尤深。魏晋时期的数学家刘徽，求出了圆周率值约等于 3.1416，这在当时世界上已是一个相当精确的数据。但祖冲之并不满足于前人的成就，他应用刘徽创立的割圆术，在刘徽的计算基础上继续推算，求出了精确到小数点后七位数字的圆周率。

祖冲之求出的圆周率，不足近似值是 3.1415926，过剩近似值是 3.1415927，用式子表示就是：3.1415926 < 圆周率 < 3.1415927。这样，圆周率的精确值就达到了小数点后七位。祖冲之的成果在世界上一直领先了 1000 年。到了公元 15 世纪和 16 世纪，阿拉伯数学家和法国数学家才求出更精确的数值。为了计算的方便，祖冲之还求出用分数表示的两个圆周率值：一个称为密率，一个称为约率。密率是分子、分母都在 1000 以内的分数形式的圆周率最佳近似值。在欧洲，1000 年后德国人和荷兰人才得到这个数值。

祖冲之像

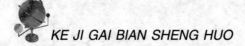

经过现代计算验证，祖冲之得出上述的结果，按照割圆术计算，必须求出圆内接正 12288 边形的边长和 24576 边形的面积，要对九位数做上百次的加、减、乘、除和开方等运算，这是一项繁难复杂和细致的工作，为此，祖冲之付出了非常艰辛的劳动。

古代，圆周率的理论和计算在一定程度上反映了一个国家的数学水平。祖冲之的成果，充分标志了中国古代高度发展的数学水平。

最早用科学方法解释潮汐现象

中国东汉的唯物主义思想家王充，在世界上最早用科学方法解释了潮汐现象。

中国有着漫长的海岸线和广阔的海域。早在远古时代，我们的祖先就已经注意到潮水有规律的涨落现象，约从战国时期起，开始把潮汐现象和月亮联系起来。

潮汐

王充（27—约97年），字仲任，会稽上虞（今浙江上虞）人，曾任郡功曹、扬州治中等职。他在《论衡·书虚》中，针对潮汐现象是鬼神驱使而生的迷信说法，明确指出："潮之兴也，与月盛衰，大小，满损不齐同。"说明潮水涨落同月亮盈亏有着密切关系，从而在潮汐学中引进了天文学方法。这是用科学方法对潮汐现象所作的解释，欧洲直到公元12世纪才达到这样的认识。

中国古代在潮汐研究方面走在世界前列。唐代窦叔蒙著的研究潮汐的专著《海涛志》，结合天文历法来解释潮汐的周日、周月和周年变化，并建立了推算一个月中每天高潮、低潮时刻的图解方法。《海涛志》是世界上关于编制潮时预报图的最早文献。宋代，潮汐研究达到了高峰。据统计，当时的潮汐学专著至少有二十多种。宋代的潮汐研究，在世界潮汐学史上占有光辉的位置。

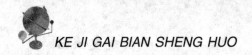

古代规模最大的天文观测活动

中国元代科学家郭守敬组织的天文观测活动，其规模在当时世界上都是最大的。

郭守敬（1231—316 年），字若思，顺德邢台（今河北邢台）人，在天文、水利等多方面的科技领域中均做出了杰出贡献。至元十三年（1276 年），元政府命郭守敬等人负责制订新历法。这次历法的制订，主要以天文观测为依据，为此，郭守敬等人研制了十多种先进的天文仪器。至元十六年（1279 年），郭守敬在元世祖忽必烈的支持下，组织了大规模的天文观测活动。

为使天文观测活动顺利进行，在郭守敬的倡议下，大都（今北京）建成了"司天台"，并在全国建立了 27 个观测点。这些观测点分布在南起北纬 15 度，北至北纬 65 度，东至东经 128 度，西到东经 102 度的广大区域内；其中，最北的北海观测点，已经靠近北极圈。郭守敬又挑选了 14 名监候官，分赴各观测点开展观测活动，他本人还亲临一些观测点进行指导和实地观测。

这次观测的主要内容，是夏至日日影长度、昼夜长短和北极高度，并获

得了丰硕成果。同时，对于一系列天文常数也进行了测量，如：（1）1280 年冬至时刻的精密测定；（2）测定当年冬至太阳位置；（3）测定当年冬至月离近地点距离；（4）测当年冬至月离黄白交点距离；（5）测定二十八宿距星度数；（6）测定大都二十四节气日出入时刻，等等；并取得了重要成果。这次天文观测活动获得的许多数据，达到了当时世界上最先进的水平，为改革历法提供了宝贵的可靠的科学根据。

郭守敬

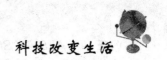

最早提出人口概率的人

某种事件在同一条件下可能发生也可能不发生，表示发生的可能性大小的量叫概率。概率也叫做"几率"、"或然率"，是概率论中最基本的概念。中国明代科学家徐光启在世界上最早提出了人口概率。

明万历三十二年（1604 年），徐光启在《处置宗禄查核边饷仪》一文中，用概率提出了"每三十年人口增长一倍"的规律，引起了当时有识之士的重视。此后，他在《农政全书》中又一次指出这个规律。而世界著名的《人口原理》一书，是英国的马尔萨斯于 1798 年才出版的，书中提出在"没有任何限制的条件下"，"每 25 年人口增加一倍"的人口概率，比徐光启晚了近200 年。

徐光启字子先，上海人，是明末中西文化交流中重要人物，西方自然科学的引进者。他翻译了欧几里得的《几何原本》，我们今天仍在使用的数学专用名词，如几何、点、线、面、钝角、锐角、三角形等，都是首次出现在徐光启的译作中的，仅此一点，就足以奠定他在中国数学史上的地位。除《几何原本》外，对天文计算极其重要的球面三角知识，也是徐光启率先介绍过来的。他本人著有《测量异同》、《勾股义》等数学著作。他把中西测量方法和数学方法进行了一些比较，并且运用《几何原本》

徐光启像

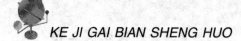
中的几何定理，使中国古代的数学方法严密化。这些工作对此后我国数学的发展起到了一定作用。

徐光启在引进西方先进成果的同时，也继承了不少中国传统科学的优秀成果。他在中国学术传统转化过程中，起了开拓性的作用。他曾经编写了许多科学书籍，包括天文、历法、数学、测量、农业、水利、机械、兵器等内容，其中特别著名的是《农政全书》六十卷，约 100 万言，虽然是未完成的科学著作，但它汇集了我国古代农学书籍和有关文献 250 多种，总结了我国在 17 世纪以前农业生产的丰富经验，是当时资料最完备的一部农学著作，其科学价值应该受到足够的估计。

据文献记载，清乾隆元年至道光十四年（1736—1834 年）百年间，中国人口由 1 亿增至 4 亿多；新中国成立后的 40 年，我国人口由 4.7 亿增至 11 亿。中国这两个人口激增时期的数字表明，徐光启提出的人口概率是非常科学的。

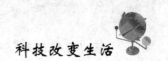

最早发明造纸术的国家

中国是一个历史悠久的文明古国，早在 2200 多年的汉朝就发明了造纸术，是世界上最早发明造纸术的国家。

纸是人类社会生活必不可少的用品，它是人类记载事物、传播经验、交流思想、著书立传、传递信息和发展科学文化的重要条件，是印刷事业发展的物质基础。造纸术的发明，是中国人民对世界社会历史和科学文化发展的重大贡献。

在西汉时期，政治的统一，经济文化的发达，促进了学校的发展，经学的频传。在这种情况下，士人录写大量的经传师说，而竹简重又不方便，缣帛少而又昂贵，急需一种既经济实用又物美价廉的代用品，纸就是在这样一种社会发展条件下产生的。

1978 年，中国考古工作者先后在新疆、陕西和甘肃出土的西汉文物中，四次发现了纸。最早是 1933 年在新疆罗布淖尔汉代烽燧遗址中，发现了西汉宣帝时期的麻纸。1957 年在西安市灞桥的一座汉墓里发现一叠麻纸，因出土于灞桥，故名为"灞桥纸"。经专家学者鉴定，此纸是西汉武帝时制造的，距今已有两千多年了。这是世界上迄今发现的最早的植物纤维纸。其实物现分别存放在中国和陕西博物馆。这就证明中国在西汉时有了造纸术。

东汉人应劭在《风俗通》中说：汉光武帝在迁都洛阳时，载素（帛）简（竹）纸书共二千车。公元 76 年，汉章帝赐给贾逵用竹简和纸写的春秋左氏传各一套。这就说明汉和帝以前就用纸写书了。后汉书邓皇后传曰：汉和帝永元十四年冬（102 年）邓接皇后位，"是时，方国贡献，竞求珍丽之物，自后接位，悉令禁绝，岁时但贡纸墨而已。"这里所指的纸显然是指比缣帛更廉价的纸。

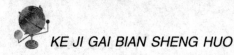

西汉早期的麻纸比较粗糙，书写不便。东汉蔡伦在任制造御用器物的尚方令时，可能受当时邓皇后贡纸墨的影响，专心制造更加适用的廉价纸。他在总结以往经验的基础上，吸取了前人的经验教训，将造纸的原料和方法进行了改进，用树皮、麻头、破布、旧鱼网作原料，用新的方法造出的纸，不仅提高了纸的质量，便于书写，而且原料更多，价格便宜，易于推广，深受人们的欢迎和称赞。

汉和帝元兴元年（105年）蔡伦将造好的纸选呈皇上，深得皇帝的赞赏。从此用轻便廉价的纸逐渐代替了沉重的竹简和昂贵的缣帛。这是蔡伦的伟大创造，是对人类文化史上的重大贡献。所以人们将他创造制成的纸，以他的姓氏和官爵命名为"蔡侯纸"。这种造纸术，不仅很快在全国得到推广和应用，而且在7世纪传入朝鲜、日本，8世纪中叶传到阿拉伯，以后又逐渐传到欧洲、北美洲以及全世界，是中国对人类社会文化事业的重大贡献。

汉代造纸工艺流程图

蔡伦像

最早的动物药理实验

为了弄清药物性能而用动物进行的试验，称动物药理实验。人们一般认为这种试验开始于近代，其实，早在公元八世纪初，中国唐代本草学家陈藏器所著的《本草拾遗》一书中，就有了关于动物药理试验的记载。这是世界上最早有文字记载的动物药理实验。

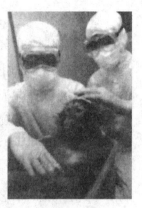

动物药理实验

《本草拾遗》中说："赤铜屑主折疡，能焊入骨，及六畜有损者，细研酒服，直入骨伤处，六畜死后取骨视之，犹有焊痕，可验。"这段话的意思是，给患骨折的家畜服用铜，铜可以进入骨折处。当这种患骨折的家畜死后，便可在它们的骨折处见到铜沉积的痕迹，像是用焊锡将断骨焊接起来，表明铜有促进断骨愈合的作用。

不过，当时人们进行这种试验还是盲目的。只是当服用过铜化合物的骨折家畜死后，在解剖过程中发现了铜聚集在骨折部位，能够连接断骨，才认识到铜有治疗骨折的功效。

中国最早有意识地在动物身上进行药理实验，是宋代的事情。北宋政和六年（1116年），寇宗奭所著的《本草衍义》记载："有人以自然铜饲折翅胡雁，后遂飞去。今人（以之治）打扑损。"胡雁的翅膀折断了，用它来做药理实验，饲以自然铜，过些时候，胡雁折断的翅骨愈合，又飞走了。人们通过这种动物药理实验，得出自然铜可以治疗骨折的结论，于是给跌打损伤的骨折病人服用自然铜，这已是有意识的动物药理实验了。

现代科学证明，铜元素是骨骼中制造骨质的成骨细胞所不可缺少的物质，服用含铜元素的药物，能加速新骨形成过程。可见，中国早期通过动物药理实验得出的认识是正确的。

最早的子午线长度测量

　　子午线即地球的经度线，子午线长度是地理学、测地学和天文学上一项重要的基本数据，测量子午线长度可以确知地球的大小。中国唐代天文学家僧一行在世界上最早发起和组织了测量子午线长度的活动，国外实测子午线长度，是公元 814 年阿拉伯天文学家进行的，比我国晚了 90 年。

　　僧一行（683—727 年），本名张遂，魏州昌乐（今河南南乐）人，对天文历法的造诣很深。他因不愿与武则天的侄子武三思交往，逃到河南嵩山的嵩阳寺做了和尚，取名一行。

　　唐玄宗即位后，请一行进京主持修订新历法。为此，一行在当时著名的机械师梁令瓒的帮助下重造了已失的黄道游仪和水运浑天仪。这两种仪器虽

是分别脱颖于唐初天文学家李淳风所作的浑仪和东汉张衡所作的水运浑天仪，但又有所创新和发展。他们在水运浑天仪上安上自动报时器："立二木人于地平之上，前置鼓以候辰刻，每一刻自然击鼓，每辰则自然撞钟"，这实际上已是世界上最早的机械钟。在漏壶的制作方面，梁令瓒、一行等使各部件"各施轮轴，钩键交错，关锁相持"，这种平行联动装置，实际上也是最早的擒纵器。

僧一行像

　　此后，分别在开元十三年（725 年）、十四年（726 年），一行派人到北起铁勒（今苏联贝加尔湖附近），南起林邑（今越南中部）的 13 个地点，测量北极出地高度

（即地理纬度），冬、夏至和春、秋分日影长度，以及冬、夏至昼夜漏刻长度，为编造新历提供必要的数据。

这次测量活动，以太史监南宫说等人在河南滑县、浚仪（今开封）、扶沟和上蔡四处的测量最为重要。这四个地点的地理经度比较接近，大致是在同一经度上。南宫说等人除了测出四处的北极高度和日影长度外，还测出了这四个地点之间的距离。一行从南宫说等人的测量数据中，计算出南北两地相差 351 里 80 步（唐朝尺度，合现代长度 129.22 公里），北极高度相差一度，这个数据就是地球子午线一度的长。同现代测量子午线一度的长 111.2 公里相比，虽有一定误差，但它毕竟是世界上第一次实测子午线，其意义自然不可低估。这一实测工作的意义还在于，它以实测结果再次推翻了《周髀算经》"王畿千里影差一寸"的说法，从而完全否定了盖天说的理论，进一步确立浑天说的稳固地位。不仅如此，一行在天文实测中还发现了恒星的位置与汉代相比较已有一定变化，这比 1718 年英国天文学家哈雷发现恒星自行也早了近千年。

经过几年的准备，一行从开元二十三年（725 年）着手编修新历，至开元二十五年完成草稿，同年一行去世。遗著经张说、陈玄景等人整理编定，共 52 卷。其中包括：专题探讨、评说古今历法优劣的《历议》10 卷；研究前代各家历法的论集《古今历书》24 卷；翻译、研究印度历法的《天竺九执历》1 卷；新历法本身的各种数值表《立成法》12 卷；推算古今若干年代日月五星位置的长编《长历》3 卷；以及新历法本身《开元大衍历经》1 卷。这些论著构成了一个内容丰富多彩、结构严谨完善的体系，为我国历法史上的一个创举。

一行的《太衍历》比过去有许多创新，有中国古代对太阳视运动迟疾总体规律的第一次正确描述。他确立的五星近日点黄经运动的新概念与他给出的进动值也是中国古代对五星运动认识的一大进步。一行的"五星交象历"，比起张子信、刘焯的"入气加减"法，也具有更清楚的天文含义和更成熟的计算方法。

《大衍历》还第一次以表格形式给出了 24 节气的食差值，首创了九服食差的近似计算法，还首次提出九服晷漏的近似计算法。一行确立的不等间距的二次内插公式，也比刘焯发明的等间距二次内插法更具优越性，这也证明一行具有很高的数学造诣。

最早的制造的桨轮船

古代轮船

桨轮船也叫车船，它是在船的舷侧或尾部装上带有桨叶的桨轮，靠人力踩动桨轮轴，使轮周上的桨叶拨水而推动船体前进。因为这种船的桨轮下半部浸埋水中，上半部露出水面，故又称"明轮船"，以便和人工划桨的木船以及风力推动的帆船相区别。

南北朝时，祖冲之造的"千里船"可"日行百余里"，有人认为这是一种桨轮船，但因缺乏明确的记载，尚无定论。关于制造桨轮船的确切记载，最早见于《旧唐书·李皋传》，讲述了唐代李皋设计的新型战舰，"挟二轮蹈之，翔风鼓浪，疾若挂帆席"。

桨轮船把桨楫改为桨轮推进，把桨楫的间歇推进改为桨轮的回旋推进（连续运转）。桨轮船的出现，是船舶推进技术的一个重大进步，也是对船行动力的一次重大改革，它其实就是原始形态的轮船。中国唐代李皋制造桨轮船，比西方要早七八百年，欧洲直到公元十五六世纪才出现桨轮船。

桨轮船在南宋时期得到了较大规模的发展。当时农民起义军领袖杨幺的部下高宣，设计制造了多种大小桨轮船。其车数（一轮叫做一车）有4车、6车、8车、20车、24车、32车等，中型的载战士二三百人，大型的长二三十丈，吃水一丈左右，能载千余人。桨轮船在出现后的1000多年中，发挥过巨大作用，直到20世纪初，中国南方地区还有少量的桨轮船。

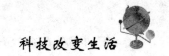

最早发明印刷术的国家

中国是世界文明发达最早的国家之一，已有长达 4000 多年有文字可考的历史。早在 1300 多年的隋朝就始创了雕版印刷术，在 900 多年的北宋庆历年间就发明了活字印刷术，是世界最早发明印刷术的国家。

纸的出现，为印刷术的发明提供了必不可少的条件和重要的物质基础。而印刷术的发明为人类社会的文化建设、思想交流、知识的传播和整个人类的精神文明建设都起着重要的作用。

印刷术的发明和其他发明一样，这是当时社会发展的客观需要，是人们在社会的物质资料生产和生活中迫切的要求。因为在印刷技术没有发明之前，书籍的制作、流传和交换，全靠手工抄写，速度慢，效率低，而且一次只能抄写一份，还容易出差错。

为了摆脱这种落后状态，人们受了古印章和拓石等的启发和印象，在公元 600 年左右的时候始创了雕刻印刷术，即在一块整木板上刻字印刷的技术。雕版印刷比手工抄写大进一步，不仅一次可印几百本甚至上千本书，而且质量和效率等都比人工抄写提高很多。然而也有其不足，那就是一页就得刻一块板，为刻印一本或一套大型的书，那要刻多少块板，花费多少的时间，要占多少人力物力。看来这种雕版印刷虽有进步，但还不够理想，还需要研究出比这更先进的办法。

毕昇像

《梦溪笔谈》中关于活字版的记载

北宋仁宗庆历年间（1041—1048年），原杭州书肆刻工毕昇首先发明了活字印刷术。他用胶泥刻成单个反体字，用火烧硬后，便成活字。而后放在涂有松脂、蜡、纸灰混合制成的粘合剂的铁框铁板上，按需要将活字依次排列好，然后用火加热，使铁板上的粘合剂稍加熔化，用另一块平面铁板将字压平，待铁板冷却后，活字固定在铁板上，拖墨即可印刷。印完后，将铁板放在火上烘烤，取下活字，以备再用。以后他又研究创造了木活字。采用这种方法印刷，一次可印几百乃至几千本书，速度快，质量好，既省时间，又省力，为社会各界所欢迎。不久传到世界各地，也为各国人民所效仿。

毕昇发明的活字印刷术，是印刷史上划时代的创举，是对中国和世界的文化和文明建设具有重大意义。之后，随着社会的发展，科学的进步，人们对活字印刷又进行了多次的研究和改进，在毕昇发明活字印刷后的四百年，日耳曼人谷登堡才第一次创造现在的铅活字，从而提高了活字的使用寿命和排字效率。他的贡献也很重要，但这丝毫不影响活字印刷术的创始人毕昇对人类贡献的奠基作用。

最早的雕版印刷术

中国是印刷术的发源地，世界上许多国家的印刷术，都是在中国印刷术直接或间接的影响下发展起来的。印刷术的发明，对人类文化的传播、发展起了重大作用。印刷术和造纸术、指南针、火药并称为我国古代科技的四大发明。

在公元 7 世纪初的隋唐之际，中国发明了雕版印刷术。

印刷术发明之前，书籍的流传全靠手工抄写。手工抄写非常麻烦，速度很慢；辗转传抄，还容易发生错误。隋唐之际，随着社会经济、文化的发展，人们对书籍的需要量不断增加，在这种情况下，雕版印刷术问世了。

中国古代长期使用印章和石刻。印章在战国时期就已通行，早期的印章多是阴文（凹下去）反字，汉代印章逐渐改成阳文（凸出来）反字。石刻则是印章的扩大。公元 4 世纪左右，发明了用纸在石碑上墨拓的方法——石碑上的字阴文正写，在碑面铺上湿润的纸，轻轻拍打，将纸捶进字口，待纸干后，刷墨于纸上，便得到了黑底白字的正写文字的复制品。印章和拓碑，为雕版印刷术的发明提供了技术上的启示。

雕版印刷是在尺寸相等的木板上，刻出凸出来的反写文字或插图，再在版面上涂墨铺纸，轻轻一刷，就印出

雕版印刷

正写的文字和图了。雕版印刷术发明后，可使千百部书籍一次刷印出版。晚唐时期，雕版印刷得到大范围推广。五代时期，官府出面大规模刻印书籍，对雕版印刷事业的发展起了很大的推动作用。宋代，雕版印刷更加发达，技术已经十分完善。明清时期，雕版印刷与活字印刷并行，仍然发挥着重要作用。雕版印刷术发明后，逐步传到国外。唐代，雕刻印本传到日本。公元 12 世纪，雕版印刷术传到埃及。欧洲直到 14 世纪末，才开始有雕版印刷品，而其印刷的方法、程序和中国相同，说明欧洲的印刷术很可能是在中国的影响下产生的。

中医药治疗的第一例艾滋病

中医研究院西苑医院教授陈可冀，同美国东方医学院医生余娟合作，应用中医药有效地治疗了一例艾滋病患者。这是世界上用中医药治疗的第一例艾滋病。

这例艾滋病患者，是一位 38 岁的男性美籍白种人，曾与 20 来名男青年发生过同性恋。与其搞同性恋的青年，在四五年内相继死亡。该患者 1986 年 5 月上旬前来就诊时，神情沮丧，疲惫不堪，厌恶饮食，长期慢性腹泻，全身淋巴结肿大。自觉经常感冒，咽喉肿痛，口干舌燥，体质极度衰弱。患者曾于 1984 年 6 月经当地医院反复检查，确诊患有艾滋病，并为艾滋病病毒携带者。

陈可冀在实验室

陈可冀教授应用中医理论，诊断为"温毒证"，治疗分三个阶段进行：

第一阶段：清热凉血，祛湿解毒，药方选用清代温病学家王孟英的"甘露消毒丹"为主，随症加减化裁。患者连服中药四个多月后，体力和精神均有恢复。

第二阶段：改用"生脉散"补元气、益阴津，另加元参、生地、女贞子、旱莲草等滋阴生津之品。三个多月后，患者体力渐趋正常，食欲好转，腹泻停止，但病情仍时有波动。

第三阶段：以补益为主，进以扶正重剂，巩固疗效，稳定病情。药方以气血双补的"归脾汤"为主，重用黄芪治疗。服中药两周后，患者认为"效果出乎意外的好"。几年来，患者情况稳定，自诉数月未患感冒，咽喉不再肿痛，体力和食欲均好。

这例用中医药治疗的艾滋病，达到了缓解临床症状、改善身体素质、延长生存时间的效果。该患者说："我是病友中最后一位幸存者，中医药肯定对我的病起了关键作用。"

最早的洗衣机

今天，对于许多人来说没有洗衣机的生活是难以想象的。但几千年来，人们都是用手来在水里搓、用棒槌砸或搅。聪明人发明了搓衣板，更聪明的人把衣服放在水桶里，放上很原始的洗涤剂，如碱土、锅灰水、皂角水等，用棒搅拌也能洗干净衣服。在海上，海员们则把衣服拖在船尾上，让海水冲去衣服上的污垢。后来有人发明了手动洗衣机，即把需要洗涤的衣物放到一个盛着水的木盒子里，用一个手柄不断翻转木盒子里的衣物，也可以把衣物洗干净。

1677 年，科学家胡克记录了关于洗衣机的一项早期发明：霍斯金斯爵士的洗衣方法是把亚麻织品放在一个袋子里，袋子的一端固定，另一端用一个轮子和一个圆筒来回拧。用这种方法洗高级亚麻织品可以不损坏纤维。1776 年，人们发明了洗衣机的雏形，借助外力来洗衣服，19 世纪中叶，以机械模拟手工洗衣动作进行洗涤的尝试取得了可喜的进展。1858 年，一个叫汉密尔顿·史密斯的美国人在匹茨堡制成了世界上第一台洗衣机。该洗衣机的主件是一只圆桶，桶内装有一根带有桨状叶子的直轴。轴是通过摇动和它相连的曲柄转动的。同年史密斯取得了这台洗衣机的专利权。但这台洗衣机使用费力，且损伤衣服，因而没被广泛使用，但这却标志了用机器洗衣的开端。次年在德国出现了一种用捣衣杵作为搅拌器的洗衣机，当捣衣杵上下运动时，装有弹簧的木钉便连续作用于衣服。19 世纪末期的洗衣机已发展到一只用手柄转动的八角形洗衣缸，洗衣时缸内放入热肥皂水，衣服洗净后，由轧液装置把衣服挤干。

1884 年一个名叫莫顿的人获得了蒸汽洗衣机的专利。他的专利证书上是

洗衣机

这样介绍他发明的洗衣机：即便是一个小孩，在一刻钟内也能洗6条被单，而且比其他洗衣机洗得更白。再后来有人用汽油发动机替代蒸汽机带动洗衣机。

而真正现代意义上的洗衣机的诞生要等到电动机发明之后。第一台电动洗衣机由阿尔几·费希尔于1910年在芝加哥制成。除了手柄被一个电动机取代了之外，洗衣机别的部分都与用手工转动的洗衣机相同。这是一种真正节省劳力的设计。但这种电动洗衣机进入市场后，销路不佳。

洗衣机真正被人们接受，是在第一次世界大战之后。1922年霍华德·斯奈德发明了一种搅动式电动洗衣机，并在衣阿华州批量生产。该洗衣机因性能大有改善，开始风靡市场。第二年德国厂商也生产了一种用煤炉加热的洗衣机。这种洗衣机有一只开有小孔的容器，衣服放入后，由电动机带动和容器相连的轴，使容器不断顺逆转动。

直到第二次世界大战前夕，美国才大批量生产立缸式洗衣机。洗涤缸内装有涡轮喷洗头或立轴式搅拌旋翼。30年代中期，美国本得克斯航空公司下属的一家子公司制成了世界上第一台集洗涤、漂洗和脱水于一身的多功能洗衣机，靠一根水平的轴带动的缸可容纳4000克衣服。衣服在注满水的缸内不停地上下翻滚，使之去污除垢，并使用定时器控制洗涤时间，使用起来更为方便，1937年投放市场后大受欢迎，一下子就卖了30多万台。到60年代，滚筒式洗衣机问世。高效合成洗涤剂和强力去垢剂的出现大大促进了家用洗衣机的发展。

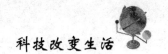

最早的大纺车

见于中国元代书籍的大纺车，是世界上最早的先进大纺车。

中国最早的纺车——手摇单锭纺车，一昼夜只能纺三两到五两纱，效率仍不高。后来经过不断改进，单锭纺车改为多锭纺车，手摇改为脚踏，大大提高了工效。公元4到5世纪，东晋著名画家顾恺之的一幅画上，就画有脚踏三锭纺车。

以后，随着国内外贸易和城市经济的发展，社会对于纺织品的需求量大大增加。原有的手摇纺车和脚踏纺车生产出来的成品，已不能满足纺织手工业的需要，于是人们便对纺车做进一步的改进，以提高纺纱的速度与质量。

水转大纺车图

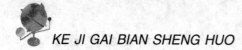

元代，王祯的《农书》中除对手摇纺车和脚踏纺车作了全面总结外，还介绍了以人力、畜力或水力引动的大纺车。

《农书》中介绍的大纺车与旧纺车相比，纺纱的锭子大大增多，达到 32 枚，生产力显著提高。脚踏三锭纺车纺棉每昼夜不过 7 到 8 两，五锭纺车纺麻每昼夜也不过 2 斤。大纺车是纺麻的，每昼夜可纺 100 斤。大纺车的传动已经采用和现在的龙带式传动相仿的集体传动了，这是当时世界上最先进的纺纱机械。在西方，直到公元 1769 年，英国人才制出"水车纺机"，比中国的水力大纺车晚了几个世纪。

现代的机器纺纱，虽然机械的动力大，锭子的数目更多，速度更快，但除了最新的气流纺外，其机构形式还是离不开锭子和它的传动。而所谓最新式的龙带传动，和大纺车的皮弦带动是同一个方式，它们的纺纱基本原理是一致的。

最早的轧棉机

中国元代棉纺织家黄道婆创制的搅车，是世界上最早的轧棉机。

黄道婆像

在中国古代，棉花用于纺织的时间，要比麻、葛、丝晚得多。东汉时，棉花才从国外传入我国一些少数民族地区；宋朝末年，内地才开始普遍种植棉花。元代初期，内地的棉纺织工具和技术还很落后。比如，棉籽粘生于棉桃内部，脱除棉籽是棉纺过程中一道必不可少的工序。据《辍耕录》记载，当时内地人民主要采取"用手剖去棉籽"的落后方法，费工费时，效率很低。

黄道婆所使用的纺织工具

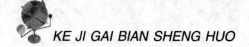

　　黄道婆，松江乌泥泾镇（今上海华泾镇）人，曾在海南岛居住 30 多年，向海南黎族人民学习到先进的棉纺织技术。元祯年间（1295—1296 年），她返回家乡，引进黎族的棉纺工具并加以革新推广，迅速改变了家乡以至江南地区的棉纺织业落后的面貌。其中，用以脱除棉籽的搅车（又名轧车），是由装置在机架上的两根辗轴组成的。上面的是一根小直径的铁轴，下面的是一根直径比较大的木轴，两轴靠摇臂摇动，回转方向相反。将棉花喂入两轴间的空隙碾轧，"籽落于内，棉出于外"。应用搅车脱除棉籽，大大提高了生产效率，这是棉纺生产中一项重大的技术革新。

　　直到公元 18 世纪，盛产棉花的美国南部还是驱使奴隶用手摘除棉籽。1793 年，美国才造出轧棉机，这比黄道婆创制的搅车晚了 400 多年。

最早的测湿仪器

中国对空气湿度的测定为世界之先。

《史记·天官书》提到一种测湿仪器，即在衡（类似现在的天平）的两端，一端悬土，一端悬炭（炭的吸湿性强），以测冬至或夏至天气的湿度。具体方法是，在冬至或夏至前两三天，把土、炭分别悬在衡的两端，使之平衡，到了冬至日或夏至日，如果炭变重了，就说明大气的湿度增大，反之，则说明湿度减小。西汉的《淮南子·天文训》对此用阴阳二气的理论进行了解释："阳气为火，阴气为水。水胜，故夏至湿；火胜，故冬至燥。燥故炭轻，

记载测湿仪器的《史记》书影

现代测湿仪器

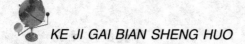

湿故炭重。"这种以观测炭的轻重变化来测量空气湿度的天平式湿度计，是我国和世界上最早的测湿仪器，它比欧洲湿度计的出现要早 1000 多年。

测湿仪器还可以用来预报天气晴雨。宋代有个叫赞宁的和尚，在他所著的《物类相感志》一书中提到，把土和炭两件东西，置于天平两边，使它们平衡，然后悬挂在房间里。天要下雨时，炭就会变重；天晴了，炭就会变轻。

此外，古代还有利用弦线随湿度伸缩的原理测量湿度，以及利用琴弦感应湿度的原理预测晴雨的事例。

最早应用的催产素催生

催产素是由脑垂体分泌的一种内分泌激素。世界上应用催产素催生的最早记载，见于约北宋哲宗元祐年间（1086—1093年）四川医生唐慎微所著的《经史证类备急本草》（简称《证类本草》）。

《证类本草》

《证类本草》卷十七兽部中品一节，在"兔"条下记载道："经验方云：催生丹，兔头二个，腊月取头中髓，涂于净纸上，令风吹干。通明乳香二两，碎入前干兔脑髓，同研。来日是腊（日），今日先研，……以猪肉和丸如鸡头大，用纸袋盛贮，透风悬。每服一丸，醋汤下良。久未产，更用冷酒下一丸，即产。此神仙方，绝验。"

从上面的记载中，可以看到制作催生药"催生丹"用的是整个兔脑。由于当时受认识和技术上的限制，还不能摘取兔子的脑垂体，所以用全兔脑，其中也包括了能分泌催产素的脑垂体，从而保证了其作用的发挥。另外，从记载中还可以看到，制作催生丹没有按制作一般中成药那样经过煎煮加工，而是把兔脑放在纸上，让风吹干，然后将乳香末加入兔脑中研成末。这样，兔脑垂体中的催产素成分，就不至于在煎煮加工过程中被高温破坏而失效。经当时的临床验证，催生丹确实具有使子宫收缩的特效，产妇服用此药，即可加快生产过程，因而书中说"此神仙方，绝验"。西洋医学用脑垂体激素制剂催产，已经是近代的事情了。

最早的提取和应用性激素

性激素是由人体性腺（男性为睾丸、女性为卵巢）分泌出来的内分泌素。古代，人们已经认识到，睾丸中分泌的一些物质，具有使人强壮有力和显示性征的功效。男性的性征与外生殖器密切相关，而男性外生殖器又是排尿器官，于是古人便在尿液中寻找这种使人强壮的物质，这种物质即现在所说的性激素。

中国从宋代就开始从人尿中提取性激素并将其应用于医疗实践中，这是世界上最早提取和应用性激素的实践活动。宋代苏轼和沈括二人医药论述的合编——《苏沈良方》，记叙了用"阴炼法"和"阳炼法"从人尿中提取含有性激素的物质——"秋石"的方法。

苏轼塑像

用阴炼法提取秋石的过程是：

取人尿三至五担，置于大盆中，加入一倍清水，用棍棒连续搅拌数百次。静置澄清后，倒掉上层的清水，留下沉渣，再兑入大量清水，继续搅拌，如此反复数次，待沉渣没有了臭味时，即为秋石。秋石干燥后就可以用来做药。

用阳炼法提取秋石的过程是：

在尿液中兑入皂角汁搅匀，静置后留取下层浊液，加清水继续搅；最后取少量下层浊液，熬干后取其结晶，加热水使之溶化；然后过滤，将滤出的溶液再熬再滤，直至熬

沈括像

得洁白如霜的结晶。随后，把结晶放在砂盆中加热，使结晶升华为汽，汽冷凝后结成晶体，继之再炼，如此反复数次，最后得到的结晶即是秋石。

据沈括记载，他曾用秋石做成丸药，医治了好几个病人，连他的父亲以及他本人，也都服用过秋石治病。以后，人们对秋石医疗功效的认识逐渐加深。《本草纲目》说，秋石治病的适应症是"虚劳冷疾"，即虚寒型的虚弱症。《本草纲目》的有关记载还表明，古代人民已经认识到秋石中含有性兴奋物质，即今天所说的性激素。

有关专家认为，《苏沈良方》所记叙的提取秋石的方法，完全符合现代化学原理。《苏沈良方》约成书于 11 世纪后期，而国外，直到 20 世纪初的 1909 年，才用化学方法提取出性激素；至于提取纯净的性激素结晶体，则是 20 世纪 20 年代末的事情了。

古代最先进的船型设计

沙船图

中国沙船的船型设计，是世界上古代船舶中最先进的。

沙船在唐代出现于江苏崇明，它在宋代称"防沙平底船"，在元代称"平底船"，到了明代则通称"沙船"。它的载重量很大，一般为 4000 石到 6000 石（约合 500 吨到 800 吨）。沙船活跃在沿江沿海以及远洋航线上，是中国古代非常重要的一种航海木帆船。

沙船的船型特点主要是：平底、多桅、方头、方艄，这种船型在性能上的优点是：第一，沙船底平能坐滩，不怕搁浅，在风浪中也相当安全。尤其是风向潮向不同时，船因底平吃水浅，受潮水影响较小，比较安全。第二，多桅多帆，桅长帆高，便于使风，加之吃水浅，阻力小，轻便敏捷，快航性好。第三，方头方艄，甲板面宽敞，型深小，干舷低，采用大梁拱，使甲板能迅速排浪。而且，船宽初稳性大，又辅以各项保持稳性的设备，所以稳性最好。此外，沙船还有"出艄"，便于安装升降舵；有"虚艄"，便于操纵艄篷。

沙船上因有披水板（腰舵）、船尾舵和风帆的密切配合，顺风逆风均能行驶，适航性能好，在逆风顶水的情况下，能采取斜行的"之"形路线前进，这就是古籍中所说的"沙船能调戗（调戗，轮流换向）使斗风"。

沙船虽然在唐代定型，但其前身可以追溯到春秋战国时期，因此，沙船的船型已有 2000 多年历史了。而西方，直到公元 19 世纪出现钢、铁船舶以后，才采用这一先进的船型设计。

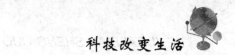

最早关于"食物链"的描述

中国战国时期的《庄子·山木篇》，有世界上最早的关于"食物链"的描述。

《庄子·山木篇》讲了一个故事。有一天庄周来到栗园，看到一只宽翅膀、眼睛又圆又大的异鹊停在栗林内，便赶过去要用弹弓射它。忽见在青枝绿叶的浓荫中有一只蝉，被隐藏着的螳螂发现而搏之，螳螂搏到蝉得意忘形，

食物链

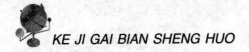

不料自身又被异鹊发现，异鹊欲捕螳螂，却不知自身的性命正面临危险。庄周见状，感慨地说："物固相累，二类相召也。"遂扔掉弹弓走开。

这个故事说明了人捕鸟，鸟吃螳螂，螳螂吃蝉等一系列动物之间的复杂关系，也就是一条包括人类在内的食物链。在食物链中，生物总是相互为利的，故不同种类的生物之间，必然要进行争斗。此即所谓"物固相累，二类相召也"。

《庄子·山木篇》讲的故事，是中国古代生态学成就的一个突出的例子。后来在《说苑》、《韩诗外传》和《吴越春秋》等文献中也都有类似记载。可见，中国古代对生态系统中的食物链，有着细致的观察和深入的认识。

最早的生物防治

生物防治农林植物的病虫害，是人们从生物界互相制约的现象中受到启发而创造出来的利用天敌防治害虫的方法。中国劳动人民很早就发明和运用了生物防治的方法。

现代生物防治——水花生叶甲对水花生的控制作用

1000 多年前的晋代，嵇含就在《南方草木状》中记载："人以席囊贮蚁鬻（卖）于市者，其窠如薄絮囊，皆连枝叶，蚁在其中，并窠而卖。蚁赤黄色，大于常蚁。南方柑树若无此蚁，则其实（果实）皆为群蠹（害虫）所伤，无复一完者矣。"这是世界农学史上运用以虫治虫生物防治方法的最早记录。

公元九世纪，唐代的段成式也注意到我国南方有一种大蚁，结巢于柑树的果实上，果实因而长得非常好。稍后的刘恂在《岭表异录》中写道："岭南蚁类极多，有席袋贮蚁子窠鬻于市者，蚁窠如薄絮囊，皆连枝带。有黄色，大于常蚁而脚长者。云'南中柑子树，无蚁者，实都蛀'，故人竞买之，以养柑子也。"以后元、明、清等代的许多著作也均有类似记载。

经有关专家考证，嵇含和刘恂所说的那种能防治柑树害虫的蚁是黄猄蚁。黄猄蚁能捕食 10 多种柑树害虫，对于防治柑树的病虫害，效果十分显著。而且，跟施用化学药物相比，用黄猄蚁治虫可减少落果 30%。此法至今仍为广东、福建一些地方的果农沿用。

美国哈佛大学教授威尔逊曾说："农业史上，黄猄蚁的利用是生物防治害虫最古老、最著名的例子。"中国对这一事实的记载是最早、最翔实的，国外迟至 19 世纪后半叶才有这方面的记载。

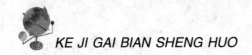

最早的水密隔舱

　　水密隔舱是用隔板把船体严密分隔成若干个互不连通的舱室。这样，船只在航行途中，即使一舱两舱破损，也仅限于这一舱两舱进水，而不致全船沉没，从而大大提高了船舶的抗沉性能。

　　据南朝《宋书》记载，晋代农民起义军有一种八槽舰，有人认为它是具有八个水密隔舱的战船。这一点虽然还没有得到确切的证明，但当时的确已具备了制造水密隔舱的条件。

　　1960年在江苏扬州出土的唐代木船即设置有水密隔舱，这是世界上目前所发现的最早的水密隔舱。

　　宋元时期，中国船舶已普遍设置了水密隔舱，大船内隔有数舱乃至数十舱。当时，我国船舶的水密隔舱蜚声中外，许多外国人提到中国船，都称赞它的水密隔舱和良好的抗沉性能。而西方船只，直至公元18世纪才有水密隔舱。

水密隔舱

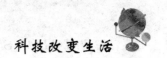

最早利用浮力进行水下打捞的活动

中国北宋时期打捞沉没在黄河中的铁牛时，在世界上最早采取了利用浮力进行水下打捞的技术。

1200 多年前，在山西蒲州附近有座横跨黄河的蒲沁浮桥，这是当时的重要渡口。浮桥是用一根巨大的铁链，将许多浮船串联在一起而形成的。铁链分别系在黄河两岸沙滩上 8 个巨大的铁牛身上。

大约在北宋治平元年至四年（1064—1067 年）间，蒲沁浮桥被洪水冲垮，两岸上的铁牛也被冲入河中，深陷于河底。当地官府对此束手无策，只好发出告示，征求打捞铁牛的办法，一个叫怀平的僧人出面解决了这个难题。

怀平指挥人们先是用土装满两条大船；接着把绳索的一端拴在船上，并派人潜入水中将绳索的另一端系在河底的铁牛上；然后，怀平让人们把船上的土卸下去。于是，船在水中便越浮越高，船只上浮的力量，将河底的铁牛提升起来。这时，再把船慢慢驶向岸边，铁牛被拖到浅水区，人们便把铁牛搬上了岸。

怀平发明的这种利用浮力进行水下打捞的技术，至今仍在国内外沿用着。

铁牛

最早发现和利用石油的国家

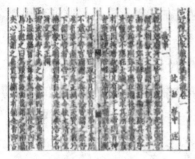

元刻本《梦溪笔谈》

中国是世界上最早发现和利用石油的国家之一。

我国古代较早发现石油的地方有三处，即今陕西延安、甘肃酒泉、新疆库车附近。其中以延安地区为最早。《汉书·地理志》记载："高奴，有洧水"，人们"接取用之"。高奴在今延安一带，洧水是延河的一条支流。此处说的可燃之物，就是漂浮在洧水水面上的石油。这里不但记载了约2000年前在陕北地区发现了石油，还认识到石油的最重要性质——可燃性。

比陕北石油的发现稍晚，约1700年前人们在甘肃酒泉地区发现了石油；约1100年前，又在新疆库车一带发现了石油。

石油在古代曾被称为石漆、石脂水、猛火油、火油、石脑油、石烛等等。北宋科学家沈括在《梦溪笔谈》中首先使用了"石油"的名称，指出"石油至多，生于地中无穷"，并预言"此物后必大行于世"。

中国古代不仅很早就发现了石油，而且很早就开始了对石油的利用。

中国古代认识到石油的可燃性后，即将它用于照明。唐、宋以来，陕北人民已能利用含蜡量极高的固态石油制作蜡烛，称为"石烛"。明代的《格古要论》还记述了陕北人民将石油煎制后用于点灯的情形，说明中国最迟在400年前已经发明了从石油中提炼灯油的技术。这是石油加工和应用上的一个重大进步。

北宋科学家沈括，曾发明用石油烟炱制墨的工艺。这是中国古代石油利用的一个独特方面，也是世界上以石油造炭墨的开始。古代曾把石油当作药物来杀虫治疮。从公元6世纪起，史籍中不断有石油用于军事的记载。此外，中国古代还把石油用作润滑剂、防腐剂、粘合剂等。

最早的太阳能利用

现今，人类面临着实现经济和社会可持续发展的重大挑战，在有限资源和环保严格要求的双重制约下发展经济已成为全球热点问题。而能源问题是其中更为突出的一环，于是人们纷纷把目光转向了太阳能。太阳能是各种可再生能源中最重要的基本能源，生物质能、风能、太阳能、海洋能、水能等都来自太阳能，广义地说，太阳能包含以上各种可再生能源。太阳能作为可再生能源的一种，则是指太阳能的直接转化和利用。

我们地球所接受到的太阳能，只占太阳表面发出的全部能量的二十亿分之一左右，这些能量相当于全球所需总能量的 3 万~4 万倍，可谓取之不尽，用之不竭。尽管从 1615 年法国工程师所罗门·德·考克斯在世界上发明第一台太阳能驱动的发动机算起，将太阳能作为一种能源和动力加以利用，只有 300 多年的历史。但早在很久以前，人们就一直在努力研究利用太阳能。

周代，中国人民即能利用凹面镜的聚光焦点向日取火。这是世界上对太阳能的最早利用。

古代的取火方法是逐步发展的。最初是利用自然火种，继之是摩擦取火和燧石取火，再进一步，则是利用太阳能取火。周代，中国人民发明并使用了"阳燧"（即凹面镜）。阳燧也称"夫燧"。我国古代称取火的工具为燧，所以"阳燧"的意思就是利用

阳燧

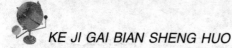

太阳光来取火的工具。《周礼·秋官司寇》说："司烜氏掌以夫燧取明火于日。"《淮南子·天文训》说："故阳燧见日，则燃而为火。"

古代利用阳燧取火的方法，一说是用金属制成的尖底杯，放在日光下，使光线聚在杯底尖处，杯底置艾绒之类，遇光即能燃火；另一说是用铜制的凹面镜向着日光取火。天津市艺术博物馆今收藏着一件汉代阳燧，是中国现存最早的阳燧。它直径 8.3 厘米，厚 0.3 厘米，用青铜铸造而成，很像一面小铜镜。这件阳燧有一个非常光滑的凹球面，可以将太阳射来的光线反射聚成一个焦点。

凹面镜的焦点是阳燧取火的光线集中处，《墨经》中曾把凹面镜的焦点称为中燧。这表明，周代人们对利用凹面镜的聚焦特性向日取火，即利用太阳能取火已经有了一定的理性认识。

最早的漆器制造

中国是世界上最早制造漆器的国家。

制造漆器的主要原料是天然漆。天然漆具有高度粘合性和耐酸耐碱的性能，它是漆树上分泌的一种汁液，主要成分为漆醇。漆器防腐耐用，外表光泽美观，很受人们的欢迎和喜爱。

据战国时期成书的《韩非子·十过篇》记载，中国在4000多年前的虞夏时期就有了漆器。而实际上，我国漆器实物的发现，要比文字记载早得多。1976年，考古工作者在浙江余姚河姆渡原始社会遗址，发现了距今约7000年前的木胎漆碗和漆筒，这是我国迄今所发现的最早的漆器。

商代，漆器的制造水平达到了相当高的程度。1950年，在安阳武官村商代大墓中，发现了很多雕花木器的朱漆印痕，虽然木器已腐朽无存，但印在土上的朱漆花纹还很鲜艳。同一地点的虎纹石磬两侧，各发现一处方形印痕，据分析，是磬架方座漆绘的纹饰。1973年，在河北藁城台西村商代墓葬中，发现了几十片盘、盒等漆器的残片。这些残片为朱红色，黑漆花纹，上下交错，构成多种美丽的图案，有的还镶有绿松石，说明当时的

漆器

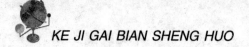

漆器已经相当精美。

中国在最早阶段的漆器制造中，还常在漆里掺入桐油等干性植物油。在制造彩色漆器时，也用桐油和多种颜料或染料构成的油彩，加绘各种花纹图案。战国时期的一些漆器即是如此。从而形成了我国具有独特民族风格的漆器工艺。

中国漆器的制造水平，历经各代不断提高，规模也不断扩大。从汉代起，中国的漆器制造技术陆续传到亚洲各邻国，以后又经波斯、阿拉伯传到欧洲。而欧洲各国仿制中国漆器获得成功，已经是公元 17 至 18 世纪的事情了。

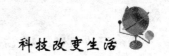

最早的人工磁化技术

中国很早就发现了天然磁石能够指示南北的特性。战国时期，就利用天然磁石制成指南工具——司南。到了宋代，又进而掌握了人工磁化技术，并制成人工磁体——指南鱼和带有磁性的钢针。

北宋初年的《武经总要》前集卷15中，载有制指南鱼的人工磁化技术："用薄铁叶剪裁，长二寸、阔五分，首尾锐如鱼形，置炭火中烧之，候通赤，以铁钤钤鱼首出火，以尾正对子（北）位，蘸水盆中，没尾数分则止，以密器收之。"从现代物理学知识来看，这是一种利用强大地磁场的作用使铁片磁化的方法。把铁叶鱼烧红，趁热夹出，顺南北方向放置，可使它内部处于活动状态的单元小磁体——磁畴，顺着地球磁场方向排列，达到磁化的目的。蘸入水中，可使它迅速冷却，把磁畴的规则排列较快地固定下来。"没尾数分则止"，就是让铁叶鱼"正对子（北）位"的鱼尾略为向下倾斜，增大磁化的程度。

指南鱼

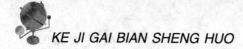

　　北宋的《梦溪笔谈》卷 24 记载了另一种人工磁化技术："方家以磁石摩针锋，则能指南。"这种用天然磁石摩擦钢针的方法，从现代物理学知识来看，就是以天然磁石的磁场作用，使钢针内部的磁畴由杂乱排列变为规则排列，从而使钢针显示出磁性来。

　　上述两种人工磁化技术，是世界上有文字记载的最早的人工磁化技术。它们是中国古代劳动人民通过长期的生产实践和反复多次的试验而发明的，这在磁学和地磁学的发展史上是一个飞跃。尤其是用天然磁石摩擦钢针显示磁性的方法，既简便又实用，直到 19 世纪现代电磁体出现以前，几乎所有的指南针都是采用这种人工磁化方法制成的。

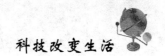

最早开采和使用煤的国家

中国是世界上最早开采和使用煤的国家。在欧洲，公元 315 年才有关于煤的文字记载，比我国的文字记载晚了约 800 年；英国在公元 13 世纪才开始采煤，比中国晚了约 1400 年。

西汉是中国最早开采和使用煤的时期。

煤的颜色黝黑，状似石头，因而在古代有"石涅"、"石炭"、"石墨"、"乌金石"、"黑丹"等名称。成书于春秋末战国初（约公元前五世纪）的《山海经·五藏山经》说，"女床之山"、"女几之山""多石涅"。女床之山在今陕西，女几之山在今四川，说明当时这些地区已经发现了煤，这是我国关于煤的最早记载。

西汉时，中国开始开采煤矿并将煤用作燃料。《史记·外戚世家》记载汉

煤矿开采

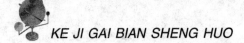
文帝即位那年，即公元前 180 年，窦太后之弟"窦广国……为其主人入山作炭"。"入山作炭"就是进山采煤。当时还发生了"岸崩"（塌方）事故，"岸下百余人""尽压杀"，说明采煤的规模已经不小。解放以后，在河南巩县铁生沟和郑州古荥镇等汉代冶铁遗址中，又发现了用于冶炼的煤块以及用煤末掺合粘土、石英制成的煤饼。照一般情况看，煤用作冶炼燃料应该比一般燃料晚，使用煤饼又要比使用煤块晚。可见，西汉使用煤已有较长的时间。

北魏郦道元《水经·河水注》引释氏《西域记》中，有我国古代用煤冶铁的最早记载："屈茨北二百里，有山……人取此山石炭，冶此山铁，恒充三十六国用。"屈茨即龟兹，在今新疆库车县内，那里冶炼的铁，可供当时新疆一带的 36 个国家使用，足见采煤冶铁的规模相当可观。

北宋末年，中国开始大规模开采和广泛使用煤。煤已较为普遍地用于冶铁和制瓷的燃料，有的地方煤还代替了柴草，成为城镇居民生活的主要燃料。宋代的煤矿开采，已有了一套比较完整的技术。明代的采煤技术，得到了进一步发展，已出现了排除瓦斯和防止矿井塌陷的措施。

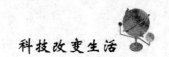
第一台双水内冷气轮发电机

中国上海电机厂于 1958 年制造的 12000 瓦双水内冷汽轮发电机，是世界上第一台定子、转子双水内冷汽轮发电机。

汽轮发电机是火力发电站的主机之一，它由两个主要部分构成：静止不动的部分，称为定子（或称静子）；随同汽轮机高速旋转的，称为转子。转子和定子里面都嵌有导线外面包着绝缘层的线圈。发电机发电时，由于强大的电流通过导线，导线就会发热，包扎在导线外面的绝缘层的温度就会升高。

汽轮发电机组

为了提高发电机的发电能力，需用冷却的方法为线圈散热。

"内冷"是冷却的方法之一，即把线圈导线做成凹凸形或空心的让风直接吹到铜线上，对线圈进行直接冷却。用来冷却的气体，开始是空气，后来改用氢气。20 世纪 50 年代又出现了液体内冷，其中以水的冷却能力为最高。国际上第一次出现水内冷是在 1956 年。当时的水内冷只是用在定子上。对于转子水内冷，在国际文献上虽然有过讨论，但由于某些重大技术问题难以解决，在 1958 年以前，世界上还没有哪一个国家实际采用过这种冷却方法。

上海电机厂在有关单位科学技术人员的协助下，首先攻占了这个技术堡垒。这个重大创造，把中国汽轮发电机的制造技术大大推进了一步，迎头赶上和超过了世界先进水平。

最早的船坞

汽轮发电机组

船坞是停泊、修理或建造船只的地方。中国北宋神宗熙宁年间（1068～1077年），黄怀信主持修建的金明池船坞，是世界上最早的船坞。

金明池在今河南省开封城西，是北宋政府操练水军的地方。北宋开国之初，吴越王钱俶向朝廷进献了一条长20余丈、上建楼台殿阁的大龙舟。后来船底损坏，神宗诏令修复，宦官黄怀信承接了这项工程。

偌大的龙舟，是根本无法在水里修复，但要拉上岸来修复也难以办到。据沈括《梦溪笔谈》记载，黄怀信命民夫在金明池以北挖了一个大池塘，塘底竖立木桩，桩上架梁，然后引水入塘，将顺水而来的大龙舟架空在梁柱上，再排出塘中的水，这样，龙舟的船体便完全暴露出来，工匠在船舱或船下进行修复工作，都很便利。龙舟修复后，再向塘中注水，将龙舟浮起，引出池塘。

船坞的发明对于修理、建造船舶事业的发展具有重要影响。中国宋代的航海事业比较发达，是与船坞的发明分不开的。在欧洲，直到公元1495年英国才在朴次茅斯建造了第一个船坞，比中国晚了400多年。

最早的温室栽培

公元 645 年 12 月 9 日（唐贞观十九年十一月庚辰日），唐太宗从辽东返回长安，途经易州。易州司马命百姓于地下室蓄火种植蔬菜，进献御前。唐太宗非但没有褒奖易州司马，反而说他一心钻营媚上，浪费了民力财力，一怒之下将其罢官。这个倒霉的司马因丢了乌纱帽而"留名青史"，可他却拥有了中国领先于世界的一项农业技术——温室栽培。

温室栽培首次在中国历史上出现时，给 700 多人带来了杀身之祸。那时，秦始皇一统天下，一班儒生对他的统治颇多指摘，令他十分不快。一年冬天，他在骊山脚下种瓜，结出了果实。秦始皇让这些儒生亲自去骊山观看这个"奇迹"，儒生们一到那里，就被乱箭射死，700 多人无一生还。

骊山脚下温泉众多，秦始皇种瓜利用了这个有利条件。而真正称得上开始运用温室栽培的，大概还得算西汉。当时宫廷中为了在冬季能吃到新鲜的蔬菜，在房屋里种上葱、韭菜及其他蔬菜，然后燃烧成捆的茅草来提高室内温度，并获得了成功。当时还有一种"四时之房"，在这种温室中培育的不仅是蔬菜，还包括各种"生非其址"的"灵瑞嘉禽，丰卉殊木"。

东汉时也有温室栽培技术，时人认为这种技术就是"郁养强孰"。与以前不同的是，东汉的温室是

温室栽培

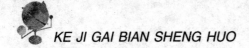

"言火其下，使土气蒸发，郁暖而养之，强使先时成熟也"。也就是利用加热土壤的办法。这种方法直到唐代一直留存，并且导致了易州司马的悲惨命运。

秦汉以后，温室被广泛地运用于花卉和水果的反季节栽培，这其中最有名的当属堂花术。堂花术又称唐花术，方法是用纸做成房子，房中有沟，在沟中倒上热水，再施上牛粪、马尿和硫黄，不仅可以增加土壤的肥力，还能提高室温。这种栽培方法在当时被看做是一种"足以侔造化，通仙灵"的奇迹。

用温室来催生非应季的菜蔬还不算难事，而要用来移植就不太容易了。汉代长安所建的扶荔宫可能就是一处移植荔枝的温室，尽管经过多次移栽，最终还是以失败告终。唐代设有温汤监，专门负责利用温泉进行蔬菜瓜果的促进栽培，唐代宫廷很有可能也将此项技术用于种植橘树。同汉代一样，这种尝试也极不成功。仅有一次，大概因为树种及气候的缘故，居然结出了150余个果子。虽然其余都未能成活，但这150个果子也足以让人热血沸腾，因此皇帝马上将这些果子称为祥瑞。中国温室蔬菜领先欧美2000多年

虽然温室栽培好处多多，但人们接受起来还是比较困难。汉代就有人认为，温室蔬菜是"不时之物"，可能会对人体有害，于是朝廷一度下令禁止食用温室栽培出来的作物。汉元帝末年，管理宫廷供应的官员召信臣就以生产"非时之物"为理由，奏请撤销太官园温室。东汉永初七年（113年）邓皇后下令，宫室尽量避免用"或郁养强孰，或穿凿萌芽"的办法培育"不时之物"。为了减少"不时之物"的危害，仅留下几种作物继续培植，而其余的23种一律不许再种。

最早的酱油

酱油是把豆、麦煮熟，使其发酵然后加盐而酿制成的液体调味品。

酱油最早是由中国发明的。现在已知在距今 2000 多年前的西汉时，中国就已经比较普遍地酿制和食用酱油了，此时世界上其他国家还没有酱油。但考虑到酱油和酱的制造工艺是极其相近的，而中国在周朝时就已发明了酱，所以酱油的发明也应远在汉代之前。

酱存放时间久了，其表面会出现一层汁。人们品尝这种酱汁后，发现它的味道很不错。于是此后便改进了制酱工艺，特意酿制酱汁，这大概就是最早的酱油的诞生过程。

制作酱油时，黄豆的蛋白质经发酵分解为氨基酸，其中的谷氨酸又会与盐作用生成谷氨酸钠。谷氨酸钠实际就是今天的味精，所以酱油具有一种特殊的鲜美味道。

《齐民要术》中提到"酱清"、"豆酱油"，有可能是酱油的最初名称。酱油是在酱坯里压榨抽取出来的，工艺在制酱基础上又发展了一步。

宋代始有酱油的文字记载。如林洪《山家清供》："柳叶韭：韭菜嫩者，用委丝、酱油、滴醋拌食。"但当时的酱油，不过是在制成清酱的基础上，原始地用酒笼——一种取酒的工具——逼出酱汁。做清酱与做一般豆酱的区别是，要不断地捞出豆渣，加水加盐

酱油

多熬。逼酱汁时，将盛酱的酒笼置缸中，等生实缸底后，将酒笼中的浑酱不断地挖出来，使之渐渐见底，然后在酒笼上压一块砖，使之不浮起来。沉淀一夜后，酒笼中就是纯清的酱汁。用碗缓缓舀出，注进洁净的缸坛，在太阳下再晒半月，就是酱油。

按古人说法，自立秋之日起，夜露天降，深秋第一笼者，叫"秋油"，调和食味最佳。清《调鼎集》中，抄有"造酱油论"，其中列五则：

1. 做酱油越陈越好，有留至十年者，极佳。乳腐同。每坛酱油浇入麻油少许，更香。又，酱油滤出，入瓮，用瓦盆盖口，以石灰封口，日日晒之，倍胜于煎。

2. 做酱油，豆多味鲜，面多味甜。北豆有力，湘豆无力。

3. 酱油缸内，于中秋后人甘草汁一杯，不生花。又，日色晒足，亦不起花。未至中秋不可人。用清明柳条，止酱、醋潮湿。

4. 做酱油，头年腊月贮存河水，候伏日用，味鲜。或用腊月滚水。酱味不正，取米雹（米粒大冰雹）一二斗入瓮，或取冬月霜投之，即佳。

5. 酱油自六月起，至八月止，悬一粉牌，写初一至三十日。遇晴天，每日下加一圈。扣定九十日，其味始足，名"三伏秋油"。又，酱油坛，用草乌六七个，每个切作四块，排坛底四边及中心，有虫即充，永不再生。若加百倍，尤妙。

至清代，各种酱油作坊如雨后春笋，已有包括香蕈、虾子在内的各种酱油，当时已有红酱油、白酱油之分，酱油的提取也开始称"抽"。本色者称"生抽"，在日光下复晒使之增色、酱味变浓者，称"老抽"。

最硬的物质

　　天然金刚石是自然界中最硬的物质，是惟一摩氏硬度达到 10 的物质，是硬度紧次与它的刚玉的 140 倍，是石英的 1100 倍，其无与伦比的硬度可想而知，所以被誉为"硬度之王"。

　　需要指出硬度和脆性以及韧性是不同的概念。在物理学中，硬度是指物质抵抗外来机械作用（如刻划，压入，研磨）的能力。脆性是指物质受到外力冲击作用易破碎的性质。韧性和脆性正好相反，是指物质受到外力撞击作用不易破碎的性质。虽然钻石是自然界最硬的物质，但脆性大，受撞击易破碎。所以在佩戴时也要注意避免掉在地上或受到猛烈的撞击。

　　用金刚石粉琢磨后的透明金刚石又能呈现出极艳丽的色彩，因而成为世界上最昂贵的宝石，历代统治者都把它作为一种权势和富有的象征。现在，

天然金刚石

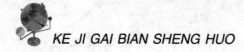

在英国有一根象征皇权的英王权杖,杖上就镶有一颗称为"非洲之星"的世界上最大的钻石;在国王的王冠上,则镶有一颗象征至高无上皇位的世界第二大钻石。这两颗钻石就是用金刚石琢磨而成的。

1797 年,英国人坦南特经过研究,发现制造铅笔的石墨和金刚石一样,也是由纯碳组成的,它们的不同,是由于有不同的晶体结构。通过 X 光可以看到,在金刚石晶体中,碳原子排列成空间的棱锥形的结构,它的每一个方都有相同的硬度。而石墨中的碳原子排列成一片片平面的六角形结构,片与片的结合力微弱,所以石墨很容易裂成薄片。从那以后,科学家开始了用碳(石墨)制造人造金刚石的艰难历程,一直到 1955 年这一愿望才初步得到实现。但是,金刚石现在的主要用处却不再是用来做宝石,由于它是人们已发现的一种最坚硬的物质,已被用来作为制作切割、钻孔、研磨等工具的非常重要的工业材料。

目前,金刚石年产量(包括天然和人造)已达 1 亿克拉(20 吨)以上。但令人惊讶的是,不管什么金刚石都是由碳原子组成的。碳可以说到处都有,但只要碳一成为金刚石,它就立即身价猛增亿万倍,连国王对它也会垂涎三尺。

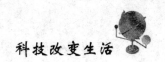
最亮的光

世界上最亮的光当推激光，它比太阳光亮几亿倍。太阳与激光相比，好比是一盏小电灯，激光好比是正午的太阳。激光是一种最纯的光。平时我们看到的阳光是白色的。可是用一只小三棱镜对着阳光，却能看见一条五光十色的彩带。原来阳光的色彩并不纯，是由红、橙、黄、绿、青、蓝、紫七色组成的，而激光只有一种颜色，特别纯。

1960 年激光诞生，英文名称是 Laser，它是英语短语"受激发射光放大"中每个实词第一个字母组成的缩略词，它包含了激光产生的由来。它一出现就创造了许多奇迹，真可谓"一鸣惊人"。

激光和普通光一样，都是由于组成物质的原子中的核外电子跃迁而产生的、原子核外的电子，在吸收了外来的热能、电能、光能或化学能后，就会从低级能迁到高能级。而处于高能级的电子，又能把吸收的能量以光子的形式释放出来，重新回到低能级。不同的是，普通的光是电子自发地跳回到低能级时产生的，所以发光物质中各个原子发出的光就显得杂乱无章，发光时间有早有晚，方向也不一致，因而亮度不高。但激光却不同，处在高能级的核外电子，是在外来光的刺激下才跳回低能级而放出光子，这叫做受辐射发光——简称激光。

所有受激光发出的光都和刺激它的外来的光的步调是一致的，激光在传播中始终像一条笔直的线，

激光工具

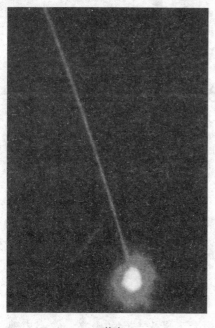

激光

不易发散，光强也可以保证。一束激光射出 20 公里远，光斑只有杯口那么大，就是发射到 38 万公里外的月球上，光圈的直径也不过 2 公里，在地球上看去，只是一个明亮的红点。利用激光的这一特性，科学家在 1962 年测出了地球与月球的精确距离。

激光具有穿透透明物质的能力，用它治疗眼睛效果特佳。我们知道，眼睛有个透明的外罩，即角膜，还有个血管交织的视网膜，当视网膜出了问题需要修补时，视网膜在眼球的后边，所以手术很难进行。这时如果请激光来帮忙，一切问题就会迎刃而解。

1963 年，一位名叫弗林克的医生利用激光成功地做了视网膜手术，整个手术时间才几千分之一秒，病人甚至不需要麻醉，也不会感到痛苦。

激光的相干性很好，用透镜能把它聚集成极细的光束，在这束光的作用下，任何材料都会被烧熔、气化。总光能还不及一只 15 瓦灯泡点亮一秒钟发出的光能的激光束，就能将 1.5 米远处的一块厚约 2 厘米的钢板打出一个孔。

经过 30 多年的发展，激光现在几乎是无处不在，它已经被用在生活、科研的方方面面：激光针灸、激光裁剪、激光切割、激光焊接、激光淬火、激光唱片、激光测距仪、激光陀螺仪、激光铅直仪、激光手术刀、激光炸弹、激光雷达、激光枪、激光炮等等，相信在不久的将来，激光定会有更广泛的应用。

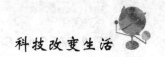

最小的电阻

电阻是所有电子电路中使用最多的元件。电阻的主要物理特征是变电能为势能，也可以说它是一个耗能元件，电流经过它就能产生热能。电阻在电路中通常起分压分流的作用，对信号来说，交流与直流信号都可以通过电阻。

电阻都有一定的阻值，它代表这个电阻对电流流动阻挡力的大小。各种材料都有电阻。如果将某材料做成长 1 厘米、截面 1 平方厘米的样品，则该样品的电阻就叫这种材料的电阻率。平时常用电阻率来表征材料导电的难易。良绝缘体的电阻率比良导体的要大 1025 倍。良导体有铝、铜、银等。在常温下银的电阻率最小，为 1.59×10^{-6} 欧姆·厘米。为了减少因电阻所损耗的电能，人们常用铝、铜、银这类电阻小的材料来做导线，以输送电能，或传递

电阻

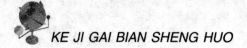

声音、图像等信息的电信号。

　　材料的电阻还会随着温度而变化。一般说来，温度越高，电阻越大；温度越低，电阻越小。起初，人们以为温度要降到绝对零度，电阻才会为零。后来才发现，不少材料的电阻在接近绝对零度的某个温度上就会降到零，此时材料就变成了没有电阻的超导体。第一次发现超导现象是在 1911 年。当时，翁纳斯在作低温条件下汞的电阻与温度关系的实验，他发现汞的电阻在略低于氦的沸点处，突然降至无可测量之值。后来，不少人重复了这类实验。由于在低温下导体失去电阻，撤去电源后，其中的电流仍可经久不衰。这种超导电流持续流动的最长纪录是 2 年，2 年中虽无电源补充电流仍长流不息，毫无减弱的迹荡。后来只是由于运输工人罢工，中断了液氦的供应，无法保持所要的低温，实验方告结束。利用超导体没有电阻的特点，可通以极大的电流，产生出极强磁场，以补常规磁铁的不足。世界上第一个超导磁铁，在超导现象发现的 50 年之后，于 1963 年方才问世，它可产生 10 万奥斯特的磁场。

最早的晶体管

1997 年，《时代》周刊记者在评选年度风云人物的文章里写道："新泽西州，50 年前的这个星期，1947 年 12 月 23 日一个细雨濛濛的星期二午后，当贝尔实验室两位科学家用一些金箔、一些半导体材料和一个弯曲的别针来展示他们的新发现时，数字化革命诞生了。同事们怀着好奇和羡慕，看着他俩演示这个被命名为晶体管的能使电流放大并能控制电流开关的东西。"

这两位科学家就是布拉顿和巴丁。在晶体管发明过程中起到最关键作用的还有另外一位科学家，他的名字叫肖克利。毕业于麻省理工学院的博士生肖克利，1936 年来到贝尔实验室工作，与布拉顿合作研究项目。工作之余，他们常在一起讨论技术，希望能用研制一种取代电子管的新器件。

二战结束后，巴丁也加入了肖克利研究小组，把目光集中在具有半导体特性的晶体。肖克利提出了研究框架，巴丁熟知固体物理学理论，布拉顿最擅长实验操作，三位科学家珠联璧合。1947 年圣诞节前夕，布拉顿和巴丁已经用实验证明，只要两根金属丝在半导体上的接触点距离小于 0.4 毫米，就可能引起放大效果。布拉顿以精湛的实验技艺，在三角形金箔上划了一道细痕，恰到好处地将顶角一分为二。他们以弯曲的别针做导线，使金箔压进了一块半导体晶体表面。

电流表的指示清晰地显示出，他们已经得到了一个有放大作用的新电子器件。布拉顿在笔记本上写道："电压增益 100，功率增益 40……"肖克利闻声而至，作为见证者，他在这本笔记上郑重地签了名。这种器件被他们命名为"晶体管"。

1948 年，美国专利局批准晶体管发明专利。然而，专利证书只列着布拉

贝尔实验室

顿和巴丁。肖克利毫不气馁，在同伴成功的激励下继续研究，在一年之后发明了一种"结型晶体管"，成为现代晶体管的始祖，有人诙谐地叫它"肖克利坚持管"。不久，各种型号的晶体管纷纷涌现，不仅能替代电子管整流、检波和放大，而且比电子管体积小、寿命长、不发热、耗电省。为此，肖克利、布拉顿和巴丁分享了1956 年诺贝尔物理奖。

贝尔实验室支持肖克利小组发明晶体管，最初目的是为了改进电话继电器。因此，晶体管的第一个商业应用，是用它来改装新型继电器。接着 1954 年，第一台晶体管手提式收音机问世，50 年代后期风靡一时。

1948 年 7 月 1 日，美国《纽约时报》曾用 8 个句子的篇幅，简短地公布贝尔实验室发明晶体管的消息。它就像 8 颗重磅炸弹，在电脑领域引来一场晶体管革命，电子计算机从此将大步跨进了第二代的门槛。

1955 年，贝尔实验室研制出世界上第一台全晶体管计算机 TRADIC，装有 800 只晶体管，仅 100 瓦功率，占地也只有 3 立方英尺。1997 年，TRADIC 项目成员莫瑞·欧文还因此获得美国计算机历史博物馆斯蒂比兹先驱人物奖。

最精密的天平

位于德国哥廷根市的赛多利斯股份公司成立于 1870 年，是世界著名的过程技术和实验室仪器的供应商，是称量技术、生物过滤技术的市场领导者，为制药、化工、食品饮料行业的生产和研发提供全套的解决方案，她的创始人夫洛连兹·赛多利斯被誉为"世界天平之父"。赛多利斯在 110 多个国家设立了分支机构或办事处，生产基地遍布美洲、东欧、亚洲等地。

一个多世纪以来，赛多利斯公司一直在不断地创新和改进称量技术，始终走在称量技术发展的最前沿：发明了第一台铝制短臂分析天平（1870）；第一台精度达一亿分之一克的超微量天平，于 1971 年被载入《吉尼斯世界纪录大全》，创造了世界最高精度的纪录，并一直保持至今；应用 40MHz 高速微处理技术的电子天平（1990）；超级单体传感器，在德国、美国和瑞士等国家都取得了专利（1998）德国生产的 4108 型超微天平能测量的物体最轻达 0.5 微克，其精确度可达 0.01 微克，这相当于本页纸中一个句号所用墨水重量的 1/60。

赛多利斯公司投入大量研发资金在新技术、新工艺上，创造了一系列世界之最。发明了机械天平的三大核心技术：光学读数、空气阻尼和自动加码；第一台商用电子秤；第一片电子天平专用

赛多利斯天平

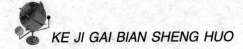

CPU；第一台防爆秤；第一台双频金属探测仪；第一只减少 70% 元件的超级单体电磁力补偿传感器；第一只采用"溅射"工艺加工的应变式传感器；第一块模块化可编程仪表；第一台测量速度达到每分钟 600 件的动态检重秤……赛多利斯的一次次技术革命树立了一块块里程碑。

目前，赛多利斯的产品遍布世界各地，获得了很高的声誉。从居里夫人实验室到美国宇航局，从中国国家计量院的基准天平到北京大学国际奥林匹克化学竞赛天平，无一不凝结着赛多利斯对高科技发展的贡献。

最早的望远镜

　　望远镜的问世，延长了人们的视线，开阔了眼界。随着科学技术的发展，特别是近年来望远镜与电子技术、X 射线技术、γ 射线技术、计算机技术的紧密结合，使望远镜的聚光能力、分辨率、观测距离、放大本领增大，极大地提高了望远镜的观测水准。那望远镜又是怎样发明出来的呢？

　　17 世纪初，荷兰眼镜匠利珀希的三个儿子玩耍废眼镜时，发现用凹凸两面镜重叠可看到远处的景物。利珀希受此启发，制成了用作玩具的"窥视镜"，并获得了政府的专利。

　　1608 年荷兰人李普塞设计了第一架单筒望远镜，并首次制造成功。意大利天文学家和物理学家伽利略得知后，就自制了一个，将只能扩大 3 倍改进为扩大 8 倍，第一次将望远镜对准了天空，并亲手绘制了第一幅月面图。

　　1610 年 1 月 7 日，伽利略发现了木星的四颗卫星，为哥白尼学说找到了确凿的证据，标志着哥白尼学说开始走向胜利。借助于望远镜，伽利略还先后发现了土星光环、太阳黑子、太阳的自转、金星和水星的盈亏现象、月球的周日和周月天平动，以及银河是由无数恒星组

伽利略的望远镜

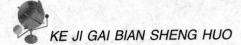

成等等。这些发现开辟了天文学的新时代。这也是望远镜在科学研究中第一次很有的价值的应用，因而被称为"伽利略望远镜"。

　　发明望远镜的消息很快传遍了欧洲，激起了德国的天文学家开普勒对其进一步的研究。1611年，他在《屈光学》里提出了另一种天文望远镜，与伽利略的望远镜不同，他把作为目镜的凹透镜变为凸透镜，制成用两块凸透镜构成的"开普勒望远镜"。但开普勒没有制造他所介绍的望远镜。沙伊纳于1613～1617年间首次制作出了这种望远镜，他还遵照开普勒的建议制造了有第三个凸透镜的望远镜，把两个凸透镜做的望远镜的倒像变成了正像。这种望远镜中间有实像平面，又有明显的视场边界，能用于瞄准、定位和测量。1897年在耶凯天文台美国建成并安装了这种天望远镜，直径为101.6厘米，重2130公斤，为当时最大的折射式望远镜。

　　折射式望远镜色差较为明显，口径不宜太大，若口径增大，透镜的重量就会增大。而且易形变，难以保证质量，这就影响了望远镜的性能。为了克服这些问题，1668年牛顿曾亲自设计了第一架反射式望远镜，目镜是一个凹透镜，物镜是球面反射镜，它的放大本领为30～40倍。目前世界上最大的光学望远镜都是反射式的，从17世纪至今，科学家们对天文望远镜研究主要着眼于增大口径，在一定的意义上，天文望远镜的发展史就是不断增大物镜口径的历史。

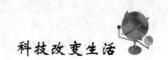

最早的显微镜

显微镜是人类各个时期最伟大的发明物之一。在它发明出来之前，人类关于周围世界的观念局限在用肉眼，或者靠手持透镜帮助肉眼所看到的东西。

显微镜把一个全新的世界展现在人类的视野里。人们第一次看到了数以百计的"新的"微小动物和植物，以及从人体到植物纤维等各种东西的内部构造。显微镜还有助于科学家发现新物种，有助于医生治疗疾病。

最早的显微镜是 16 世纪末期在荷兰制造出来的。1590 年荷兰有一位名叫江生的少年，父亲是一位眼镜师，因而镜片就成了他平时经常摆弄的玩物。一天，他无意中把两片大小不同的凸透镜重叠在一起，当移动至适当的距离时，突然发现很小的东西一下子被放大了好多倍。这一不寻常的发现可把他乐坏了。他把这个奇异的现象告诉了父亲，父子两人随即动起手来，做成了两个不同口径的铁片筒，把它装在大铁筒里，使其能自由滑动，用以调整两个透镜的距离，然后外面再套上一个大铁筒。就这样，世界上最早的显微镜诞生了。

将显微镜用于科学研究，是 17 世纪的事。最早将显微镜用于科学研究工作的人，应说是伽利略。1609 年伽利略访问威尼斯，听到有关望远镜的消息，他返回帕多瓦后，即自行研制望远镜用于天文学的研究，并取得了许多成就。他也试图研究制造显微镜，却远没有望远镜成功，因为放大倍数太小，应用价值不大。意大利人马尔皮基（1628—1694）首先把显微镜用于生物物体组织结构的观察，是组织学、胚胎学的先驱。他于 1661 年发表通过显微镜研究得到的最初成果，证实了毛细血管的存在，这一发现填补了哈维血液循环学说的空白，使之更为完整。

显微镜

1665 年，英国物理学家胡克自制了一架由上下两块透镜组成的可放大 140 倍的复合显微镜，形成了显微镜的基本型制。胡克用这架显微镜第一次发现了细胞，"cell"一词即为他所定名，一直沿用至今。今天我们可以在英国伦敦科学博物馆看到这架显微镜。

荷兰科学家雷文虎克是一位体魄强健、性格坚定、目光敏锐，而又具有永不满足的好奇心与锲而不舍的进取精神的长寿学者。他第一次发现了血液里的血液细胞和生物王国中神奇多彩的微生物世界。在他 90 多年的生涯中，制造并收集了 250 多个显微镜和 400 多个透镜，最高可放大 200～300 倍。他还应用显微镜进行许多精细的观察，如对肌肉组织和精子活动的观察，对微生物和红细胞的观察，并阐明了毛细血管的功能，补充了红细胞形态学研究等。从此，这一关系着人类生命与生活的重要学问——微生物学的研究开始步入了突飞猛进的发展的新世纪。

1931 年，恩斯特·鲁斯卡通过研制电子显微镜，使生物学发生了一场革命。这使得科学家能观察到像百万分之一毫米那样小的物体。1986 年他被授予诺贝尔奖。

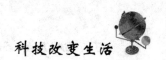

分辨率最高的电子显微镜

普通光学显微镜通过提高和改善透镜的性能，使放大率达到 1000 ~ 1500 倍左右，但一直未超过 2000 倍。这是由于普通光学显微镜的放大能力受光的波长的限制。光学显微镜是利用光线来看物体，为了看到物体，物体的尺寸就必须大于光的波长，否则光就会"绕"过去。理论研究结果表明，普通光学显微镜的分辨本领不超过 200 毫米，有人采用波长比可见光更短的紫外线，放大能力也不过再提高一倍左右。

要想看到组成物质的最小单位——原子，光学显微镜的分辨本领还差 3—4 个量级。为了从更高的层次上研究物质的结构，必须另辟蹊径，创造出功能更强的显微镜。

20 世纪 20 年代法国科学家德布罗意发现电子流也具有波动性，其波长与能量有确定关系，能量越大波长越短，比如电子学 1000 伏特的电场加速后其波长是 0.388 埃，用 10 万伏电场加速后波长只有 0.0387 埃，于是科学家们就想到是否可以用电子束来代替光波？这是电子显微镜即将诞生的一个先兆。

用电子束来制造显微镜，关键是找到能使电子束聚焦的透镜，光学透镜是无法会聚电子束的。1926 年，德国科学家蒲许提出了关于电子在磁场中运动的理论。他指出："具有轴对称性的磁场对电子束来说起着透镜的作用。"这样，蒲许就从理论上解决了电子显微镜的透

电子显微镜

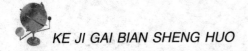

镜问题，因为电子束来说，磁场显示出透镜的作用，所以称为"磁透镜"。

德国柏林工科大学的年轻研究员卢斯卡，1932 年制作了第一台电子显微镜——它是一台经过改进的阴极射线示波器，成功地得到了铜网的放大像——第一次由电子束形成的图像。尽管放大率微不足道，仅为 12 倍，但它却证实了使用电子束和电子透镜可形成与光学像相同的电子像。经过不断地改进，1933 年卢斯卡制成了二级放大的电子显微镜，获得了金属箔和纤维的 1 万倍的放大像。1937 年应西门子公司的邀请，卢斯理建立了超显微镜学实验室。1939 年西门子公司制造出分辨本领达到 30 埃的世界上最早的实用电子显微镜，并投入批量生产。

电子显微镜的出现使人类的洞察能力提高了好几百倍，不仅看到了病毒，而且看见了一些大分子，即使经过特殊制备的某些类型材料样品里的原子，也能够被看到。但是，受电子显微镜本身的设计原理和现代加工技术手段的限制，目前它的分辨本领已经接近极限。要进一步研究比原子尺度更小的微观世界必须要有概念和原理上的根本突破。

1978 年，一种新的物理探测系统——扫描隧道显微镜已被德国学者宾尼格和瑞士学者罗雷尔系统地论证了，并于 1982 年制造成功。这种新型的显微镜，放大倍数可达 3 亿倍，最小可分辨的两点距离为原子直径的 1/10，也就是说它的分辨率高达 0.1 埃。扫描隧道显微镜采用了全新的工作原理，它利用一种电子隧道现象，将样品本身作为一具电极，另一个电极是一根非常尖锐的探针，把探针移近样品，并在两者之间加上电压，当探针和样品表面相距只有数十埃时，由于隧道效应在探针与样品表面之间就会产生隧穿电流，并保持不变，若表面有微小起伏，哪怕只有原子大小的起伏，也将使穿电流发生成千上万倍的变化，这种携带原子结构的信息，输入电子计算机，经过处理即可在荧光屏上显示出一幅物体的三维图像。

鉴于卢斯卡发明电子显微镜的，宾尼格、罗雷尔设计制造扫描隧道显微镜的业绩，瑞典皇家科学院决定，将 1986 年诺贝尔物理奖授予他们三人。

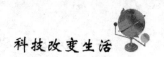

最早的温度计

　　温度计是测温仪器的总称。根据所用测温物质的不同和测温范围的不同，有煤油温度计、酒精温度计、水银温度计、气体温度计、电阻温度计、温差电偶温度计、辐射温度计和光测温度计等。

　　最早的温度计是在 1593 年由意大利科学家伽利略（1564—1642）发明的。他的第一只温度计是一根一端敞口的玻璃管，另一端带有核桃大的玻璃泡。使用时先给玻璃泡加热，然后把玻璃管插入水中。随着温度的变化，玻璃管中的水面就会上下移动，根据移动的多少就可以判定温度的变化和温度的高低。这种温度计，受外界大气压强等环境因素的影响较大，所以测量误差大。

　　后来伽利略的学生和其他科学家，在这个基础上反复改进，如把玻璃管倒过来，把液体放在管内，把玻璃管封闭等。比较突出的是法国人布利奥在 1659 年制造的温度计，他把玻璃泡的体积缩小，并把测温物质改为水银，这样的温度计已具备了现在温度计的雏形。以后荷兰人华伦海特在 1709 年利用酒精，在 1714 年又利用水银作为测量物质，制造了更精确的温度计。他观察了水的沸腾温度、水和冰混合时的温度、盐水和冰混合时的温度；经过反复实验与核准，最后把一定浓度的盐水凝固时的温度定为 0°F，把纯水凝固时的温度定为 32°F，把标准大气压下水沸腾的温度定为

伽利略像

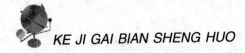

212°F，用°F代表华氏温度，这就是华氏温度计。

在华氏温度计出现的同时，法国人列缪尔（1683～1757）也设计制造了一种温度计。他认为水银的膨胀系数太小，不宜做测温物质。他专心研究用酒精作为测温物质的优点。他反复实践发现，含有1/5水的酒精，在水的结冰温度和沸腾温度之间，其体积的膨胀是从1000个体积单位增大到1080个体积单位。因此他把冰点和沸点之间分成80份，定为自己温度计的温度分度，这就是列氏温度计。

华氏温度计制成后又经过30多年，瑞典人摄尔修斯于1742年改进了华伦海特温度计的刻度，他把水的沸点定为零度，把水的冰点定为100度。后来他的同事施勒默尔把两个温度点的数值又倒过来，就成了现在的百分温度，即摄氏温度，用℃表示。华氏温度与摄氏温度的关系为°F＝9/5℃＋32，或℃＝5/9（°F—32）。

现在英、美国家多用华氏温度，德国多用列氏温度，而世界科技界和工农业生产中，以及我国、法国等大多数国家则多用摄氏温度。

随着科学技术的发展和现代工业技术的需要，测温技术也不断地改进和提高。由于测温范围越来越广，根据不同的要求，又制造出不同需要的测温仪器。下面介绍几种。

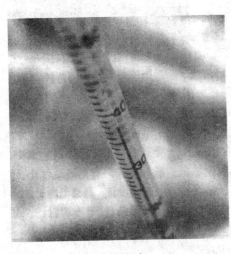

温度计

气体温度计多用氢气或氦气作测温物质，因为氢气和氦气的液化温度很低，接近于绝对零度，故它的测温范围很广。这种温度计精确度很高，多用于精密测量。

电阻温度计分为金属电阻温度计和半导体电阻温度计，都是根据电阻值随温度的变化这一特性制成的。金属温度计主要有用铂、金、铜、镍等纯金属的及锰铁、磷青铜合金的；半导体温度计主要用碳、锗等。电阻温度计使用方便可靠，已广泛应用。它的测量范围为 – 260℃ 至600℃左右。

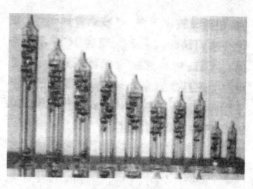

伽利略温度计

温差电偶温度计是一种工业上广泛应用的测温仪器。利用温差电现象制成。两种不同的金属丝焊接在一起形成工作端，另两端与测量仪表连接，形成电路。把工作端放在被测温度处，工作端与自由端温度不同时，就会出现电动势，因而有电流通过回路。通过电学量的测量，利用已知处的温度，就可以测定另一处的温度。这种温度计多用铜——康铜、铁——康铜、镍铬——康铜、金钴——铜、铂——铑等组成。它适用于温差较大的两种物质之间，多用于高温和低浊测量。有的温差电偶能测量高达3000℃的高温，有的能测接近绝对零度的低温。

高温温度计是指专门用来测量500℃以上的温度的温度计，有光测温度计、比色温度计和辐射温度计。高温温度计的原理和构造都比较复杂，其测量范围为500℃至3000℃以上，不适用于测量低温。

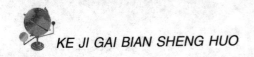

最早发现自由落体定律的人

　　1564年2月15日，伽利略出生于意大利的比萨城。他的祖辈是佛罗伦萨的名门贵族，父亲是音乐家，作曲家，多才多艺，而且还擅长数学，可是他却不愿意自己的儿子将来成为一名数学家或音乐家，希望他能成为一位医生。伽利略11岁时，进入佛罗伦萨附近的法洛姆博罗莎经院学校，接受古典教育。17岁时，伽利略进入了比萨大学学医。然而，他以后的成就竟与医学毫无关系。在大学学习期间，他对医学兴味索然，却迷恋着数学，空闲时，就用自制的仪器进行自然科学实验。他深深感到："数理科学是大自然的语言。"为了学好这种语言，他决意献出自己的一生。

　　在学习过程中，伽利略表现出了独特的引人注目的个性，对任何事物都爱质疑问难。他不但指责学校的教学方法，而且还怀疑教学内容。尤其是对哲学家们所崇奉的那些"绝对真理"，他更想探明它们究竟包含什么意义，甚至对古希腊伟大的哲学家亚里士多德的主张也提出了质疑。

　　伽利略的学习动向和实验活动，引起了学校教授们的不满，因为一个学生要独立思考，简直是不折不扣的异端。而伽利略却常常用自己的观察、实验来检验教授们讲授的教条，对于伽利略"胆敢藐视权威"的狂妄举动，教授们不仅写信向伽利略的父亲告状，而且拒绝发给伽利略医学文凭，甚至给他警告处分，因此，伽利略被迫离开了比萨大学，成了一个人所共知的学医失败者。

　　1585年，伽利略回到佛罗伦萨，在家自学数学和物理，潜心攻读欧几里得和阿基米德的著作，1586年写出论文《水秤》，1588年写出《固体的重心》，从而引起了学术界的注意。1589年，伽利略的母校比萨大学数学教授的席位空缺了，在友人的推荐下，他当上了比萨大学的数学教授。伽利略，这位年仅25岁的教授在完成日常教学工作外，开始钻研自由落体问题。

当时，亚里士多德的物理学占支配地位，是毋庸置疑的。亚里士多德认为：不同重量的物体，从高处下降的速度与重量成正比，重的一定较轻的先落地。这个结论到伽利略时差不多近2000年了，还未有人公开怀疑过。物体下落的速度和物体的重量是否有关系：伽利略经过再三的观察、研究、实验后，发现如果将两个不同重量的物体同时从同一高度放下，两者将会同时落地。于是伽利略大胆地向天经地义的亚里士多德的观点进行了挑战。

伽利略提出了崭新的观点：轻重不同的物体，如果受空气的阻力相同，从同一高处下落，应该同时落地。他的创见遭到了比萨大学许多教授们的强烈反对，他们讥笑着说："除了傻瓜外，没有人相信一根羽毛同一颗炮弹能以同样的速度通过空间下降。"对于亚里士多德的信徒们的挑战，性格倔强的伽利略毫不畏惧，为了判明科学的真伪，他欣然地接受了这个挑战，决定当众

伽利略做自由落体时登上的比萨斜塔

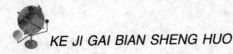

实验，让事实来说话。

公开的"表演"地点在比萨斜塔。1590年的一天清晨，伽利略和他的助手不慌不忙，神色自如，在众人一阵阵嘘声中，登上了比萨斜塔。伽利略一只手拿一个10磅重的铅球，另一只手拿着一个1磅重的铅球。他大声说道："下面的人看清，铅球下来了！"说完，两手同时松开，把两只铅球同时从塔上抛下。围观的群众先是一阵嘲弄的哄笑，但是奇迹出现了，由塔上同时自然下落的两只铅球，同时穿过空中，轻的和重的同时落在地上。众人吃惊地窃窃私语："这难道是真的吗？"为了使所有的人信服，伽利略又重复了一次实验，结果相同。伽利略以雄辩的事实证明"物体下落的速度与物体的重量无关"，从而击败了亚里士多德的信徒们。

二、生活科技问答

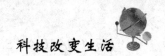

我国最早的计算工具是算筹吗?

古时候,人们没有发明数字,遇到要计算的时候,怎么办呢?

最初,人们用手指计数,遇到 1 个物体,就伸出 1 个手指,但是遇到一些大数目时,这种计算方法多辛苦呀,而且容易忘记。后来人们就发明了"结绳记事"的方法,遇到重大而次数发生频繁的事情的时候,就结大疙瘩。可是"结绳记事"虽然比用手指计数要先进一些,但还不很方便。后来,我国古代劳动人民创造了一种最早最广泛使用的计算工具——算筹。

"筹"是一种加工后的小棍子(有木制、竹制、骨制的),它可以按照一定的规则,灵活排布于地上和盘中。筹算时,一边计算一边不断地重新布棍。我国古代很早就有了正数和负数及分数的概念,它们用不同形状和颜色区别开来。

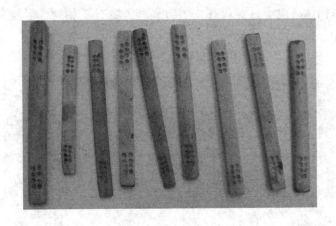

电子计算机因可以代替人脑的
一部分功能而被称为电脑吗？

电子计算机是能够把信息自动高速存储和加工的一种电子设备。它包括硬件和软件。硬件指计算机的一切电器设备，如运算器、控制器、存储器，输入、输出设备等计算机本身的物理机构；软件指为了运行、管理、维修和开发计算机所编制的各种程序及其文档。硬件与软件结合成为完整的计算机系统。一般来说，电子计算机包括数字式、模拟式、数字模拟混合式三种，通常我们说的电子计算机就指数字式电子计算机。

正因为电子计算机有计算、记忆和逻辑判断的能力，它可以代替人脑的一部分功能，或者说，它是人脑功能的延伸，所以有人把电子计算机叫做电脑。

科学家们认为电子计算机在许多方面和人脑并不相同，但是人们出于习惯，还是用"电脑"来称呼它。

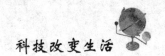
电脑因只能部分代替人脑而不能超过人脑吗？

当今社会，电脑已得到了非常广泛的运用，它能绘画、能看会说，计算起来准确无误，不知疲倦而又速度极快，让人类望尘莫及，但它是否就能代替人脑呢？实际上，电脑所拥有的本领不过是按人类所编制的程序照章办事而已，它归根到底只是人类所创造的一种信息处理工具，它只能部分代替人脑，不可能完全代替人脑。

现在有很多人在研究如何能使电脑自己编程序，如何借助于生物技术，使电脑有可能不再依靠电能，而从有机化合物中自行获得能源。只要科学家们孜孜不倦地钻研下去，具有生命智能的电脑并非没有出现的可能。

光纤通信是利用光导纤维传递信息的吗?

　　光纤通信技术是现代通信中，最先进的传输手段。它利用光在一种极细的光导纤维中传输信息。光导纤维即为一种光的"导线"，它的结构分为两层，中间的一层为纤芯，直径只有几微米，外面有一层对光反射能力极强的，用玻璃或石英制成的"包层"，光纤的外层还裹有厚厚一层塑料，这样光就被紧紧地封闭在光纤里。当信息传送时，文字和图像会变成强弱不同的光信号，以每秒30亿次的速度传送到远方。一根光纤在几秒钟里就能传送几千万字的书籍信息。而且无论它怎样弯曲，只要入射光的角度合适，就能准确无误地传递信息。

　　光纤通信的容量大得惊人，在一根比头发丝还细的光纤中，可以同时传输几万路电话或者几千套电视节目。光纤通信不怕辐射、不怕雷、不受电磁干扰，因而保密性好、通信质量高、抗干扰力强。

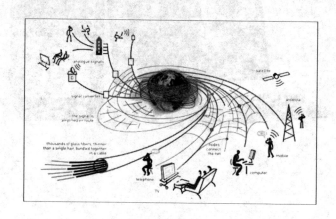

计算机病毒因性质不同而破坏程度各异吗？

所谓计算机病毒，其实就是一种使计算机出现错误的程序，它能够以某种途径侵入计算机的存贮介质里，并在某种条件下开始对计算机资源进行破坏，同时，它本身还能复制，具有极强的传染性。

计算机病毒也有良性和恶性之分。良性的病毒不破坏系统和数据，只是大量占用系统时间，使机器无法正常工作。良性病毒具有开玩笑的性质，它往往使你的机器突然发出一阵怪叫声，在冷不防中吓你一跳；或者在计算机的荧光屏上出现一些"不要慌"、"跳舞吧"之类的废话；或者只是使计算机出现暂时的故障，过一会儿就会恢复正常。

恶性病毒与良性病毒截然不同，它极具破坏力，严重时可以导致数以万计的计算机系统的资料在顷刻间丧失殆尽。

有的计算机病毒还有定时发作的特点。比如，"两只老虎病毒"只在每星期五发作，当病毒感染的程序在执行时，计算机每隔4分钟就唱一遍轻松的小曲儿——"两只老虎"。

便携式电脑的优点是方便携带吗?

按电脑的外形来分,家用电脑分为台式和便携式两种。

便携式电脑就是便于携带的电脑。它体积小、重量轻、功能全、一机多能。移动办公的专业人员如:科学技术研究人员、工程设计和工矿企业的专业人员、市场营销人员、经常外出的经贸人员使用它非常方便。

便携式电脑自带电池式电源,显示器、主机、键盘合为一体,并具有台式电脑的各种配置,有的便携式电脑还直接带有打印机和传真功能。新型便携式电脑还有大容量硬盘,模块化全内置,全面端口和双重鼠标器等优良性能。

典型的便携式电脑从外表看像个小箱子,打开就可进行各种计算机操作,好像一个笔记本,常叫它"笔记本电脑"。便携式电脑还有能在膝盖上操作的膝上型电脑,可在手掌上使用的掌上型电脑等种类。

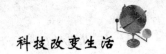

多媒体电脑的核心技术是
声音和图像的数字化处理吗?

多媒体技术将使电脑变得更为有趣、更吸引人。而在未应用的范围中,多媒体电脑也肯定将扮演一个重要的角色。

多媒体电脑的核心技术是声音和图像的数字化处理,它把电视机、录音录像机及通信功能结合在一起,实现了一机多能。

多媒体电脑可以自动播放 CD 唱片,编辑曲目、调整音乐的音质和音量;可以自行录制、编辑音乐各种声音文件;用多媒体电脑可执行多种播放程序,看电视节目,播放 VCD、DVD 影碟片,对影像可以复制、储存、移动;多媒体电脑通过调制解调器和电话机相连结,这样就可以用电脑打电话、发传真,在各种网络世界里漫游和寻找信息,并可以收发电子邮件,建立电子信箱。

光盘驱动器、音箱、调制解调器、声卡、视卡和声、像编辑软件是多媒体电脑必备设置。

未来电子书因小巧而更便于携带和使用吗？

外表看上去，未来电子书像现在由纸装订的书一样，它的奥妙或差异却在里面。

未来电子书的每一页上都设置了数百万个微小容器，每个微小密封的容器里装有微小粒子。

每个页码上微小容器的数目非常之多。一个"上"字可能就要设置1000个微小容器。容器的数目愈多，字的清晰度就愈高。如果每页尺寸一定，字体尺寸愈小，那么小容器的数目就随之增加。

因未来电子书的文字是电子形式，所以它是可操纵的，可以随时更换新的内容、新的版面、新的字形、新的图像。另外，如果读书人年纪大了，看不见小号字体，那么可以放大页面上的字体。如果读书人爱在书上作批语，可以随时缩小文字占的版面，增大页边空白处，这些写入的内容可以通过微型处理器存储起来。当你购买的"未来电子书"，内含目录不是一本专著时，你还可以在读完一本专著后，通过电子记忆卡输入第二本书的内容。

这类"未来电子书"虽未问世，但是完全可以相信，这种书会走向人间，在人间闪光！

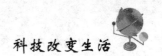

电子图书不仅能看还能听吗？

电子图书，就是把图书"电子化"。利用光电技术能把浩瀚的典籍浓缩存储在一个直径为 13 厘米的激光磁盘里。一套 900 万个条目的百科全书贮存在里面只占了磁盘总存储量的 1/5 空间，还有 4/5 的空间可以利用。这种用磁盘存贮的图书就是电子图书。

电子图书能看还能听，有文字还有叙述和音乐，图书中的照片和插图是以动画的形式出现。看电子图书给人以音文并茂的享受。

当我们走进电子化图书馆时，出现在眼前的是一排排闪着亮点的电脑、条形码识别的自动借书系统、电脑输出微缩胶卷卡片柜和电子监测系统。这里藏有大量的电子图书和各种电子出版物，读者只需按按键盘显示器上就会迅速出现要查的内容。

电话传递声音是靠电帮忙的吗？

　　小朋友们在打电话给同学或老师时，有没有想过是谁在为我们传递声音呢？原来，是电在默默地做贡献。

　　当我们对着电话机的发话器说话，说话的声音使发话器里面的薄铁片发生振动，电磁铁把这个振动变成电波。电波通过电话线传到电话局的交换台，在那里被放大，然后又沿着电话线来到另一台电话机的受话器。受话器和发话器一样，里面也有一块电磁铁和薄铁片，不同的是电波在这里又变成了我们听到的声音。

　　在相距遥远的两个地方，隔山又隔水，没有办法架设电话线。这时打电话，电话局利用发射台把电波发射到空中，另一个地方接收到电波后，再把它送到电话机的受话器里。这样，无论在多么远的地方，哪怕是在宇宙里航行，也能够随时打电话了。

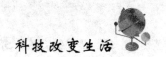
投币电话是根据硬币的直径、重量
和厚度等来识别硬币的吗？

　　在许多公共场所或是电话局，我们有时会看到投币式电话。这种电话只要你向它投进几枚硬币，就可能使用了。如果你投的不是硬币，而是几枚铁片，或者投的硬币不够电话费用就不能使用。

　　为什么投币式电话能识别硬币呢？

　　说起来，道理很简单。我国目前使用的硬币有 1 元、5 角、1 角、5 分、2 分、1 分。这些硬币的直径、重量和厚度都是不一样的。首先投币式电话根据投进硬币的直径、重量等来区别硬币的面值，然后通过光电计数器，识别投进硬币的数量。当投进的硬币达到规定的金额时，电话就会自动响起拨号音，这时我们就可以使用电话了。

邮政编码中的数字各代表不同的含义吗？

邮政是一种古老的、使用最普遍的通信手段。投进信箱的信每天要送到邮局进行分拣。分拣，就是把信按邮寄地区分类。过去邮局一直是用手工来分拣，一个人每小时只能分拣2000件左右，而且劳动强度很大。自从使用邮政编码以后，就可以用机器分拣信件，每小时分拣2000—40000件，提高效率10—20倍。

什么是邮政编码？邮政编码是写在信封小方格内的阿拉伯数字，这些数字是表示邮政区域划分和它的投递区段的专用代号。目前已有50多个国家和地区相继采用了邮政编码制度。我国是采用四级六码的编码方式。前两位数字表示省、自治区、直辖市；第三位数字表示邮区；第四位数字表示县和市；最后两位数字表示投递局或投递所。邮政编码信封是统一印制的专用信封。

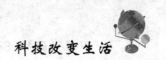

科技改变生活

电信网络使电话系统互相联接起来吗？

在电话发明以前，人们靠写信互通情况。有了电话后，人们可以利用电话在相隔很远的地方交谈。有了通信卫星后，电话的功能就大大地增强了。人们把电话系统联成一个大网络，利用这个网络，进行全国、全地球的电话通话是非常便捷和快速的，这就是电信网络。

电信网络可以传播电话、电报和电视信号。电信网络由通信卫星、卫星通信站、电波中继站、光缆、电话交换机组成。电信网络的工作过程是：打电话的发、收信号通过卫星通信站和通信卫星传到电话交换机，然后传到用户。

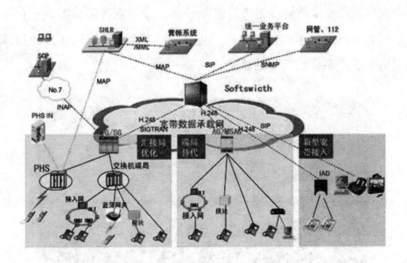

147

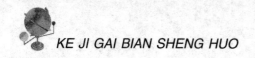
现代通信的方式、用途各不相同吗？

现代通信主要的方式有移动通信、寻呼机和电视电话。移动中的用户，与固定的或移动中的另一方进行直接的通信，叫做移动通信。移动通信是无线通信和有线通信的综合利用，无线通信的种类主要有：无线电对讲系统、寻呼系统、移动电话系统。

寻呼机又叫"BP"机，它是一台只能接收而不能发出无线电信号的接收机。当你要找人或向他人传递信息时，你可以打电话给寻呼台，报出传递信息，寻呼机号码，寻呼台就向寻呼机发出电波，寻呼机就能接收到。"BP"机的种类非常多，主要有：半自动寻呼、自动寻呼、数字型、汉显型等。

电视电话是一种既能传递声音又能传递图像的现代通信工具。它是由美国贝尔研究所研制出来的。利用这种电话可以拉近相隔万里的人们的距离，给打电话者以"亲临现场"的感受。

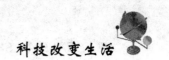

人类觉得用马运输不方便才发明了自行车吗？

很久以前的人类是用腿来赶路的，后来，马代替了人腿，但是，大概是因为马爱使性子，还必须喂饲料，很麻烦，所以人们萌发了以机器代替马匹的念头。

1790 年，法国人西哈发明了一辆双轮木马，轮子虽然能转，可是仍然要用两只脚轮流蹬地，使木马前进。这个木马可以说是自行车的雏形。

1817 年，德国的德莱斯男爵把木马改良了一下，在前面加上把手，不过仍然得劳累双脚在地上跑。

到了 1839 年，苏格兰的铁匠麦米伦在前轮两侧装上了踏板，真正的"脚踏自行车"终于出现了。

1888 年，英国人邓洛普发明了充气轮胎，使自行车又有了进一步的发展。

此后，人们对自行车不断进行改进，终于使它发展成现在的模样。所以，可以说自行车是人类长期智慧的结晶。

最早的车轮是用挖空的树干制成的吗？

一般来说，不管是哪一种车，都离不开车轮。最早的车轮大约在 5000 年前就出现了，那是用一个粗大的树干切成圆片，再在中间凿一个洞制成的，这种车轮很容易沿着木纹裂开。后来，出现了用木板拼合成的车轮，克服了圆木车轮易裂开的缺点。为了保护车轮，人们还在车轮的边缘包上了动物皮。

这样过了 1000 多年，人们对车轮又进行了革新，最先使用在战车上，这些战车的车轮是空心的，中间有十字形轮轴，可以把轮子固定在车轴上。这种车轮比较轻，有利于提高车的行进速度。

后来，高卢人发明了用铁圈保护车轮，使车轮既坚固又耐用。

此后，随着火车的问世，出现了铁车轮；随着汽车的出现和自行车的不断发展，相继出现了橡胶轮和充气橡胶轮胎。

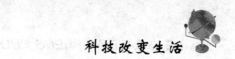

自行车的车轮转运起来即可保持平衡状态吗?

人骑自行车不倒的原因与硬币不倒是相同的:凡是高速转动的物体,都有一种能保持转动轴方向不变的能力,使它们不向两侧倒。小朋友打的陀螺能够不倒也是这个道理。

我们在骑车时是在前进的方向上给自行车一个力,使车轮转动起来,车轮就能保持一定的平衡状态,再利用车把调节一下平衡,自行车就可以往前走了。但是一停下来,车子就会因失去平衡倒下来。

杂技演员经过训练,保持平衡的能力特别强,即使原地不动,他们也能让自行车保持平衡,不向某一方向倾斜或倒下去。

人行横道线最初由石头铺成吗？

小朋友们都知道，横过马路时应走人行横道，那一条条雪白的标志线，能把你安全地带到马路的另一边。

人行横道的标志最早出现于古罗马时代。当时，意大利的庞贝城区的一些街道上，人、马、车混行，交通经常堵塞，事故不断发生。为了解决这个问题，最初人们把人行道加高，与车和马行驶的道路分开。然后又在接近路口的地方横砌起一块块凸出路面的石头——跳石，作为行人横过马路的标志。行人可以踩着跳石穿过马路，马车的车轮刚好能从两块跳石之间通过。

到了19世纪，汽车代替了马车，无论是速度还是危险性，都大大增加了，笨重的跳石已经不适用了。50年代初，经过多次试验，在英国伦敦的街道上，首先出现了像现在这样的人行横道线。由于它洁白、醒目，看上去很像斑马身上的一道道白纹，因此又称为"斑马线"。人行横道线不仅为人们提供了一条安全的通道，同时也告诉司机，要减缓车速让行人先走。

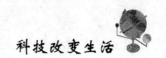

用红灯作停车标志是因为红光的穿透力极强吗？

　　在交叉路口，一般都设有红、黄、绿三种颜色的指示灯，"红灯停，绿灯行，黄灯注意看分明……"为什么红灯停呢？原来，在红、橙、黄、绿、青、蓝、紫这7种颜色中，它们各自的波长都不一样，其中，红光的波长最长，且穿透力极强，能穿过雨点、灰尘、雾珠投射到比较远的地方去，因此用它作停车信号，司机能及时看到后把车停下来，避免发生交通事故。

　　红色不仅用作停车信号，还广泛地用作表示危险或引人注意的信号，如铁路上、飞机跑道上、建筑工地等区域都设有红灯信号。

汽车轮胎上的花纹是为安全行驶而设计的吗?

汽车轮胎上的各种花纹并不是起装饰作用的，而是为保障汽车安全行驶专门设计的。

如果汽车只在干燥的路上行驶，轮胎上也可以不要花纹，赛车的轮胎就是这样的。可是一遇到雨天，没有花纹的轮胎就很容易打滑，车子开起来摇摇晃晃的，想停的时候也不能及时停下来。这是因为在路面和轮胎之间形成了一层薄薄的水膜，使轮胎与路面的摩擦力减小的缘故。

如果轮胎上有花纹，就不会发生这种情况，因为水会从花纹的沟里排出去，轮胎和地面之间形不成水膜，轮胎仍然与地面紧紧地贴在一起，因此不容易打滑。

轮胎上的花纹除了能保证车辆在雨天里能安全行驶外，还有一些其他功能。在城市里行驶的车辆，轮胎的花纹一般都是直线锯齿型的。这种花纹不但能使汽车在柏油路上安全行驶，还能帮助消除汽车开动时的噪声，因此人们把它叫做无声花纹。在野外行驶的车辆，轮胎上的花纹又深又宽，能紧紧地"啃"住路面，即使是在雪地上行驶，也不容易打滑。

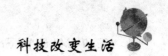

多用汽车在水陆空都可行驶吗?

多用汽车是一种神奇的汽车,它既可以和普通的汽车一样在陆地上行驶,也可以伸出翅膀在天空中飞行,还可以像船一样在水上航行,如果潜入水底,它还能像潜水艇一样在水下航行。

这种多用途汽车在地面上行驶时,它的尾、翼要折叠起来,这样不占空间,行驶也方便,当需要在空中飞行的时候,只要在车身上临时安上机翼、尾翼,汽车就可以飞上蓝天。

科学家们预计。当人们普遍使用飞行汽车以后,这种水陆空多用汽车就该面世了。

到那时,你上车后,只要将目的地的地名输入电脑就行了,卫星会自动为你导航,直到把你安全地送到目的地。

汽车进加油站前要让乘客下车站
在加油站外是为安全起见吗？

　　小朋友，当你乘坐的汽车须要加油时，驾驶员叔叔一定会请你下车，让你站在加油站外。你也许会问：我坐在车上，对汽车加油并没什么妨碍嘛。为什么要如此"兴师动众"？

　　究其原因，主要是为乘客的安全着想，加油站里充满了汽油蒸气，一遇明火就会爆炸。这必然危害乘客的生命安全。防止这种事故发生的措施有两条：一是加油时，油枪处会产生静电，容易产生火花放电，用一条铁索使汽车接地，不让汽车上有电荷积累，防止火花放电。二是让汽车上的乘客离开汽车，以免万一有人吸烟或玩火引起事故。即使乘客不吸烟、不玩火，万一火花放电引起爆炸，也可使灾难降到最低程度。

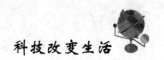

早期无人驾驶的汽车上由摄像机 和计算机代替了人眼和大脑吗？

　　早在20世纪80年代就有了无人驾驶的汽车。它用两台电视摄像机作为"眼睛"，安装在汽车大灯的上面与下面。它用一台电子计算机作为"大脑"，安装在司机座位旁边，由它完成图像识别，认清道路和环境，并且进行路线规划，计算出如何去控制驱动系统。还有自动控制系统，它的任务是完成司机的手脚驾车的动作，控制方向盘，进行刹车等。这种无人驾驶车辆行驶速度是每小时20千米。车能自动靠道路左边行驶（国外有的国家规定汽车左侧通行），如果遇有障碍物，能驾车向右绕过去，然后再回到左边行驶。若是障碍物把道路堵塞了，它能自动停下来。

　　现在德国戴姆勒——奔驰汽车公司正在试验一种汽车自动驾驶系统。一辆"维塔"牌汽车已无人驾驶达1万千米。但是，无人驾驶汽车还要经过较长时间的发展，并克服不少技术难题，才能获得实际应用。

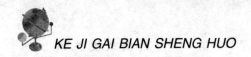

未来无人驾驶的汽车队因有自动防撞装置而防撞吗？

为了节省燃料，为了让高速公路上能通过更多的车辆，为了汽车安全行驶，而且能很快到达目的地，国外有人设想出一种用电脑控制的汽车，汽车结队行驶，不用人驾驶。

自动防撞装置，这些车上装有当车辆接近运动或静止目标时，防撞装置就会发出警告，甚至自动停车或避让。

高速行驶的汽车防碰撞是至关重要的。当汽车以近 100 千米每小时速度行驶时，若发现前方 60 米处有障碍物，在 1 秒钟内必须紧急制动，否则就会有碰撞的危险。一般来说，普通车灯的能见度为 60 米，也就是说，安装普通车灯的汽车，夜间行车速度如果超过 100 千米每小时，司机用肉眼观察到障碍物，已经不能可靠地保证安全行车了。

跨世纪的水陆两用汽车由于采用了 200 多项高新技术而得名吗？

跨世纪的水陆两用汽车是由美国研制的，它在公路上的行驶速度是每小时 224 千米，在海面上行驶的速度为每小时 144 千米。这种水陆两用汽车采用了 200 多项高新技术，其中有 86 项是最新科技发明，堪称"跨世纪"的两用交通工具。

这辆车上所有的零部件，全由电脑控制，只要其中任何一个零部件出现了问题，不管驾驶员是否意识到，电脑都会"拒绝"启动，并在显示屏上显示出了问题的部件，工作人员维修起来非常方便。

这辆水陆两用汽车还装有世界上最先进的全球卫星导航定位系统，汽车驶入海洋后，驾驶人员只要将乘客要去的地点输入到电脑里，就可以高枕无忧了。汽车的航行及操作都由卫星导航系统发出指令，车内电脑自动控制驾驶。途中若遇到障碍（其他船只或暗礁）时，车上安装的红外线监测、声纳以及超声波探测仪就会立即报警，卫星导航系统会指挥汽车自动避开。

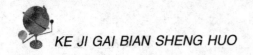

草坪公路因种有绿草而减少了
交通事故和空气污染吗？

在美丽、清洁的新加坡修建了一种名叫"草坪公路"的生态化公路，这是一种经过人们特殊设计的公路。公路的路面也用混凝土铺成，但在路面上有许许多多分布均匀、疏密适中的小圆洞，这些小圆洞直通路面下的土层。新加坡的气候湿润，阳光和水分都很充足。在小圆洞中播种的草籽，很快就从小圆洞中长出了绿草，绿草使公路路面一片翠绿，并成为草坪公路。

草长出来以后并不需要人来修剪，因为草长得比路面高时，高出的部分便会被车轮碾折，但是草不会被碾死。草坪公路可以大大减少太阳光在路面的反射，一方面能缓解司机开车时的疲劳，减少交通事故的发生；另一方面，可以有效地防治汽车废气对空气的污染，极大地改善城市的生态环境。现在草坪公路已经成为新加坡城市的一景了。

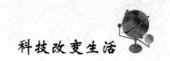

铺柏油马路的沥青上撒一层石子
意在互相取长补短吗?

筑路工人在修路的时候,总是把热沥青浇洒在碎石基层上,接着撒上一层石子,再用压路机滚压几遍;又浇一次沥青,撒一层石子……为什么要这样做呢?

要回答这个问题,先要了解沥青的特征。沥青,是一种优良的粘结材料。它在常温时,是固体和半固体的可塑性物质,表面有黑亮的光泽。当温度高到150℃左右时,沥青就像液体一样流动。这时把它装进机器里,就能均匀的浇洒在碎石上面。等沥青凉了,这层沥肝薄膜就牢"抓"住了每块碎石。假如继续往上浇沥青,那么沥青膜会越积越厚,最后冷成一个纯沥青层,由于黑色沥青的吸热力强,在暖和的天气里,沥青马路的表面温度会高出气温十几度,这样路面就会发软;被车辆一压,马路就变得凹凸不平了。为了补救沥青的这个缺点,人们就让石子和沥青合作,互相取长补短。这样,在铺沥青马路时,每浇一次沥青,就撒一层石子,然后用压路机一压使它们贴紧;让每一块石子都粘有沥青膜,让沥青膜之间拉起手来,形成一层坚实、严密、不透水的"被子"。这种沥青"被子"往往要盖两层、三层,有的甚至要盖四层,铺完以后就算是有千万个车轮在马路上辗过,它也不大会走样了。

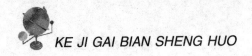

最初的轨道是用石头砌成的吗?

　　现在我们所看到的火车轨道都是用铁做成的，但是最初的轨道并不是铁的，而是用一块块石头砌成的，后来又出现了在英国煤矿十分常见的木头做成的轨道，当然，那时候在上面行驶的并不是火车，而是马车。

　　到公元1712年，纽可门发明了蒸汽机车，使矿石的产量大大提高，铁的产量也随之上升，所以出现了用普通铁板铺设铁路。后来，为了防止车轮出轨，采用了"L"形铸铁轨。到了18世纪中叶，车轮内缘出现一圈突出的边，取代了铁轨上的附加边，接着又经过了很多年的改进，铁路才变成现在这样。

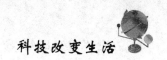

火车在铁轨上行驶是为了既快又安全吗?

火车的车身和车轮是钢铁做成的,拉的货物和乘客又很多,所以每节车厢都很重。它如果在普通的柏油路上跑,就会陷到地里去,一步也走不了。就算能走起来,由于火车又长又重,惯性大,不能说停就立刻停下来,这是很危险的。因此,火车只有在铁轨上才能跑。铁轨上没有其他车辆或行人,这样才能跑得又快又安全。

为了不使火车从铁轨上掉下来,人们在车轮的内侧安装了一个比车轮大一圈的边,使车轮边缘恰好被两根铁轨内侧挡住,而不易从铁轨上脱落。

另外,要想在转弯时不使车轮从铁轮上脱落,就要使转变处的铁轨比内侧的高一些。如果转弯处的外侧铁轨不比内侧铁轨稍高一些,外侧车轮就会从铁轨上抬起来,火车就有可能从铁轨上掉下来。

机器人代替人驾使火车更安全吗?

车是帮助人行走，或者代替人运物的工具。车最早是由人推或马拉人驾驭，后来是用动力驱动由人驾驶行走的。

火车是在铁轨上行驶的，如果不用司机驾驶，就要由自动装置使火车按时启动，在途中控制行车速度。到站（或遇有停车信号）时自动减速、自动停下来。

20 世纪初，在英国伦敦新维多利亚地下铁路线上，驾车的是一个机器人。这个机器人的"眼"、"耳"、"手"、"脑"是分别放在各处的，但是它可以和真人司机一样有开车、停车、加速、减速、开车门、关车门等动作，车开行得安全、稳当。

现在，对于高速列车来说，用人来观察线路上的信号机实现刹车、停车等已无法满足要求。因为铁路线路上"闭塞区"是一两千米，当司机看见信号机再进行制动列车，也需要一两千米才能使列车停下来。如果列车速度更高，则列车由人驾驶是无法实现安全行车的。

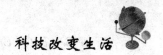

火车刹车后由于刹车闸摩擦力
有限而不能立即停住吗?

　　一列火车一般都由一个火车头和几十节车厢组成，再加上它装载运输的货物和乘客，少说也有几千吨重。火车又以每小时 100 千米左右的速度在摩擦力很小的钢轨上飞驶，它移动的力量太大了，要让它停下来，光刹车头是刹不住的。解决的办法就是在火车头后面挂搭的所有车厢轮子上，都单独安装一个刹车闸。司机只要按一下总刹车的开关，就能远距离操纵这些刹车闸，同时把各个轮子紧紧刹住。只不过，由于高速行驶的火车移动力量太大，刹车闸摩擦力有限，所以，火车总是会继续向前滑行很长一段距离以后，才能完全停住不动。

拖拉机前后轮因作用不同而不一样大吗?

在繁忙的耕种季节,经常可以看到正在工作的拖拉机。这时小朋友们会问,为什么拖拉机的前后轮不一样大呢?这是因为它们的各自作用不同的缘故。拖拉机的前轮是管引导前进方向的,前轮做得小一些、窄一些,拖拉机手在调整方向转动前轮时,地面对它的阻力就小,这样不仅操纵灵便,而且节省发动机的动力。

后轮做得既宽又大,是因为拖拉机在田地里操作时,必须在后面拖拉像播种机、插秧机等作业机。这些机器都是用金属制造的,很重,与拖拉机连在一起,它们的重量和拖拉机自身的重量合成的重心就落在后轮上。后轮承担的重量比前轮大得多,只有把轮子做得又宽又大,使它与地面的接触面大一些,才能把多承担的重量分散到地面上去,这样,拖拉机前后轮负载的重量不至于相差太大。

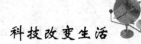

人类为了生存才建造了船吗？

船的发明不归属于具体哪一个人，也不是哪一个历史时期的人类发明的，而是全人类几千年智慧的结晶。自从人类在地球上出现之后，为了生存，要渡河和捕鱼，就有了对船的需求，也就开始了设法创造能浮在水上、载人载物的交通工具。

最初，人们是利用漂流的树木渡河，以后人们将木头稍做加工，扶着木头过河，之后，人们又学会了用木头或竹子绑成筏子渡河。

由于用木筏和竹筏载人或载物时，河水很容易把人或物品弄湿，所以，慢慢地，人们又设计出了中间是空的独木舟，后来，为使木船不容易翻，又在独木舟的旁边固定上了横木。

就这样船的形状及功能不断地被人类改进和加强，到现在人们已利用先进的科学技术，创造出速度飞快的水翼船；可在陆地上行驶的气垫船；不烧油的核动力船、超导船、太阳能船等等。

船有水闸帮忙才得以通过巴拿马运河吗？

巴拿马运河是大西洋和太平洋之间的重要水运航道。因为运河的水面高出海平面约 26 米，船只无法直接通行，因此人们在运河的两端安装了好几道水闸。轮船通过运河时，先开到水闸内，然后关上水闸，往里面放水，使水位升高。这样，船只就能顺利地通过了。

1903 年 11 月，美国获得单独开凿运河的权力，于 1904 年动工，1914 年完成。

巴拿马运河的通航，大大缩短了太平洋和大西洋之间的航程。例如，从美国纽约到加拿大温哥华，比绕道南美洲南端的麦哲伦海峡缩短航程 12500 多千米；从纽约到日本横滨，缩短航程约 5300 多千米；从欧洲到亚洲东部或澳大利亚，也近了约 3200 千米。

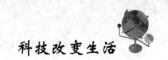

帆船通过不断调转船头而逆风行驶吗？

风力是帆船行驶的动力，顺风的时候，帆船可以张开帆，顺着风吹的方向，一直向前行驶。逆风的时候，帆船就不可能一帆风顺地直线航行了。这时，应该把船头斜对着风吹来的方向，然后调整帆的角度，使风吹到帆上，产生一个斜着向前的力，船也就斜着向前行驶了。过一会儿，再把船头调转，使船的另一侧斜对着风向，帆船就会朝另一个方向斜着向前行驶。帆船就是这样，一会儿向左，一会儿向右，逆风向前航行。这种行驶方法叫做迎风行驶。

帆船的大小不一样，帆的形状和支撑帆的桅杆多少也不一样。传统的四方形横帆适合顺风行驶，由三角形帆发展而来的纵帆，有利于逆风行驶，操作也很方便。

船只航行也要按信号灯的指示去做吗？

车辆在马路上行驶，要遵守交通规则，要听从信号灯和交通警察的指挥，不然的话就会发生危险。船在水里航行，海里和河里都没有那么多信号灯，也没有交通警察指挥，当两条船相遇时应该怎么办呢？

其实船只航行也有一定的交通规则，也要按信号灯的指示去做。不过，它们的信号灯都是装在船上的。

在船的两侧各有一盏灯，右侧是绿灯，左侧是红灯。在前桅杆上、后桅杆上和船尾正中，都装有一盏白灯。这样，当两条船相遇时，驾驶员只要按照对方船上的信号灯指示去做，就不会有危险了。

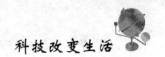

科技改变生活

货船是把货物装在甲板下面的货舱里运出的吗？

　　在海港码头，经常会见到许多货船来来往往，装货卸货。有的船是把货物摆放在甲板上，可是大部分船的甲板上什么也没有，那么它们把货物装在什么地方呢？原来它们把货物装在"肚子"里，也就是甲板下的货舱里。

　　货舱一般都在船的前半部，为了能把货舱建造得尽量大些，好多装些货物，所以货船的发动机和操纵室大多集中在船的后部。人们还根据运送货物的需要，造出许多种特殊用途的船，如汽车专用船、木材专用船、矿石专用船、牲畜专用船、液化气专用船、油船等几十种。

轮船依靠逆水行驶起到"煞车"的作用吗?

自行车有煞车,汽车和火车也有煞车,可是你看过轮船有"煞车"吗?

如果你乘坐在渡轮上,就会发现一个很有趣的现象:轮船先向上游斜渡,随着江水慢慢地斜向对岸码头的下游,然后再平稳地逆流靠岸。江水越急,这现象越明显。你可以注意一下:在长江大河里顺流而下的船只,当它们到岸时,却不立刻靠岸,而要绕一个大圈子,使船逆着水行驶以后,才慢慢地靠岸。

这里有个简单的算术题,你不妨做一做:假若水流的速度每小时是三公里,船要靠岸时,发动机已经关了,它的速度是每小时4公里,这时候要是顺水,这只船每小时行1公里。

究竟是7公里那么快容易停呢?还是1公里那么慢容易?当然是越慢越容易停靠。

这样看来,使轮船逆水近码头,就可以利用流水对船身的阻力,而起一部分"煞车"作用;另外,轮船还装有"煞车"的设备和动力,例如:当轮船靠码头或远行途中发生紧急情况,急需要停止前进时,就可以抛锚,同时轮船的主机还可以利用开倒车起"煞车"作用。

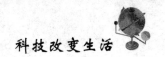

破冰船是用 1000 多吨重的船头
把冰压碎而破冰的吗？

　　制造破冰船的钢板要比普通船厚得多，船身又短，使得进退和变换方向都特别灵活；船头斜度大，便于爬到冰面上；船头、船尾和船身两侧都有很大的水舱。具备了这些特点，破冰船就能够破冰了。它先把船头翘起，爬到冰面上，靠船头 1000 多吨的重量把冰压碎。如果冰层较厚，破冰船就后退一段距离，开足马力向前冲，一次不行就二次、三次……直到把冰层冲破。如果冲不开怎么办呢？别急，它还有另一套本领呢。它把船尾的水舱灌满水，使船头高高翘起爬到冰面，然后把船尾的水舱排空，再把船头的水舱灌满水。这样，本来就很重的船头，再加上这几百吨的水，就能压碎很厚的冰层。

　　破冰船也有搁浅的时候。当它爬上冰面压冰，可是冰没有破碎，只是向下塌陷，两边的冰又紧紧卡住船身，即使破冰船开足马力，也一步都动不了。这时，破冰船就分别向船身两侧的水舱里灌水，使船左右摇摆，来摆脱困境。

水翼船因拥有两个水翼而能够高速行驶吗?

　　水翼船的构造和普通的船基本相同，只是在船底多了两个像飞机翅膀一样的东西，我们把它叫做水翼。水翼船能行驶得那么快，秘密全在这两个水翼上。

　　水翼船的工作原理与飞机一样，它水翼的断面也与机翼断面的形状一样，当船在推进装置的作用下快速航行时，浸在水中的水翼就因其断面的特殊形状而造成它的上、下表面所受的水的压力不同，下面大而上面小，从而形成升力，逐渐把船体抬起。这样就使船所受的水动阻力减小，使船速更易增加。当航速增加到一定值时，升力即大到可以将船体完全抬出水面，使船在水面上掠行。此时，只有船的水翼支架或部分水翼与水面接触，前者称为全浸式水翼，后者称割划式水翼。这样，当船高速行驶时，就可大大降低水动阻力，并可减少波浪对船体的冲击。当水翼船停泊或以低速航行时，并可减少波浪对船体的冲击。当水翼船停泊或以低速航行时，水翼不产生升力，这时水翼船就同普通的排水型船一样，其船体靠浮力支持。

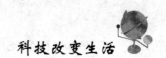

海上漂浮的城市是建在游船上的吗？

谁都知道，城市是建在陆地上的。

但是在 21 世纪，城市会真的被搬到海上去，这就是美国世界城公司为 21 世纪设计的超豪华游船。这条游船的长度近 400 米，是当今世界上最大游船长度的 3.5 倍。

在这条游船上设有 6 个游泳池、15 个餐厅、30 个商店、数十家咖啡馆、一个图书馆、一个博物馆、一个游乐场、一个拥有 2000 个座位的戏剧电影院等等。

该游船除了有 2600 多名船员、服务人员外，可接纳 6000～6500 名旅客。旅客上船非常方便，可由 4 艘载客量为 400 人的客船直接将旅客送到这个水上浮城的内部。

由于这艘船的设施一应俱全，旅客可在这条船上长期休假，随这个水上浮城四处周游。

气垫船是利用螺旋桨高速旋转
产生反作用力向前行驶的吗？

小朋友都知道，船是在水里行驶的，可是气垫船既能在水里走，又能在陆地上跑，这是怎么回事呢？

原来气垫船和一般的船不一样，气垫船的船底四周有一圈用橡胶做成的围裙，开动的时候，用压气机把空气从船底喷出，由于周围有橡胶围裙阻挡，于是，喷出的空气在船的下面形成了一个空气垫，使船悬起来。所以，无论是在水里还是在陆地上，它都能行驶。即使在沼泽地区，它也会畅通无阻。

在气垫船上还装有好几个螺旋桨，气垫船悬起来后，借助高速旋转的螺旋桨产生的推力，就能飞快地前进了。

气垫船的速度可达每小时几十千米，最快可达200千米。

我国的最大气垫船是1996年3月验收合格的"康平"号，船长52.8米、宽12.3米，能载40人，航速50.3千米/小时。

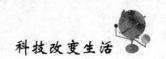

直升机靠两个螺旋桨相互配合飞行吗?

　　直升机共有两个螺旋桨。头顶上的一个较大，叫机翼，不停旋转使空气产生一种向上的浮力，将飞机直送上天。尾部的一个较小，可用来改变直升机的飞行方向。在这两个螺旋桨的配合下，直升机可在空中自由飞行，还能在空中一动不动地停在那里，这使它能够完成其他飞机所无法胜任的工作。

　　如今，直升机在各式各样的飞机中仍占有不可替代的地位。它适应性强，不需要专设地机场，随处都可起落；灵活性大，可以随时改变飞行方向。因为这些优势，它常常被用于地质勘探、防火护林、野外救护、海上巡逻以及高空摄影等各项作业中。

人们为揭开海底深处的奥秘才发明了潜水衣吗?

　　为了揭开海底深处的奥秘，人们常潜入海中探察，这就必须借助于潜水衣。传说古希腊人就曾坐在玻璃桶里潜入水中，但这没有被证实。

　　17世纪欧洲人发明了吊钟式潜水器。人在"钟"内，直到空气用完才回到水面上。由于"钟"内所装空气有限，所以这种潜水方式无法持久。

　　直到1879年，德国人耶鲁道发明了带有氧气罩的潜水衣。氧气由船上的管子送进来，这样人在海底下就可以比较自由地活动了。1942年，法国人福斯特发明了随身携带的氧气筒，直到这时，一种能在海底自由活动的现代潜水衣才问世了。

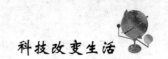

建筑物采用玻璃作墙面因其既美观又实用吗？

　　在现代的城市大街上，一座座金色、银色、蓝色的大厦矗立在地面上。抬头向上眺望，耀眼夺目的巨大反光玻璃展现在蓝天白云之下。用玻璃作建筑物的墙面已非常广泛应用于大城市建筑中。

　　作外墙用的玻璃是在钢化玻璃上涂上一极薄的金属或金属氧化物薄膜而制成。它可以反射光线，也可以透过光线。这些玻璃的结构是中空的，两边是镜面玻璃和隔层充入干燥的空气，整体由密封框架组合。中空玻璃的有双层和三层。中空玻璃能隔音、隔热、防潮、防结霜、抗强风、保温。有人测度，当室外温度为 –10℃ 时，使用三层中空玻璃的室内为 13℃。夏天中空玻璃能挡住 90% 的太阳光，透过玻璃的光线不会有炎热感。中空玻璃还能减轻建筑物的自重。

防弹玻璃因有夹层而防弹吗？

一些特殊用途的汽车玻璃，用子弹或石头是击不碎的，玻璃上只会出现一些网状裂纹。这种玻璃就是防弹玻璃。

防弹玻璃是一种夹层玻璃，一般都做成三层。即在两层玻璃间夹一层有弹性的透明塑料，如赛璐珞、降乙烯醇缩丁醛等塑料，这些塑料物质像胶膜一样把两层玻璃紧密地粘结成一体。五层防弹玻璃也有使用的。还有夹金属材料的玻璃。如一种夹钛金属薄片的玻璃具有抗高冲击力、抗贯穿、抗高温的特点。总之粘合玻璃层数越多，防弹能力就越强。

防弹玻璃主要用在高级轿车的挡风玻璃和坦克车的眺望孔上。使用这种玻璃不仅能经受住枪弹的冲击，而且还不会产生碎片伤人。

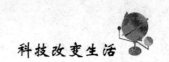

SOS 信号代表了"救救我们的灵魂"的缩写吗？

　　人们在遇到海难、空难等意外的灾难时，会发出一种称为"SOS"的呼救信号，它代表了英语"救救我们的灵魂"的缩写。由于它使用起来非常简单，人们可以很容易地用手电、火堆、石块等将它表示出来，让救援人员接收到，因而 SOS 信号成为 1906 年以来国际上所公认和采用的呼救信号。

　　在无线电通讯上，表示"紧急求救"的信号 SOS 代表的是三短三长三短，由于在莫尔斯电码中三短代表 S，三长代表 O，所以紧急求救信号就被简称为 SOS。现在，无论是船只还是飞机，当遇到危险时，都可以使用 SOS 求救。收到这个信号，任何人、任何国家都有义务前往救助，这已经成了国际间的惯例了。

人类早在 **5000** 多年前就开始利用风能了吗？

地球上到处都有风。太阳使地面和地面附近空气的温度升高，这里的热空气上升，其他地方的冷空气会流过来补充，空气的流动便形成了风。

风能使尘土飞扬，使玻璃窗振动，也能把大树折断，使海水冲上陆地，甚至还能把牲畜和房屋卷到天上去。风的能量可是大得不得了。人类从很早就学会了利用风能，早在 5000 多年前，古埃及就开始用风车从地下抽水灌溉庄稼。帆船也是人们利用风能的一种形式，如果没有帆船，古代人是没有办法进行航海的。滑翔机也是利用风的力量才飞上天的。但是利用风能也有很多问题，就是风向和风力的大小经常改变，使用起来很不方便。我们现在利用风能主要是发电，然后再利用电力去干各种活。风能没有污染，又取之不尽，是理想的动力源泉。